高等学校环境设计专业系列教材

环境场地设计

徐 娅 张 斌 编著

中国建筑工业出版社

图书在版编目（CIP）数据

环境场地设计／徐娅，张斌编著. —北京：中国建筑工业
出版社，2018.7（2024.1重印）
高等学校环境设计专业系列教材
ISBN 978-7-112-22309-1

Ⅰ.①环… Ⅱ.①徐… ②张… Ⅲ.①场地–环境设计–高等
学校–教材 Ⅳ.①TU201②TU–856

中国版本图书馆CIP数据核字（2018）第123602号

责任编辑：张幼平 费海玲
责任校对：张 颖

高等学校环境设计专业系列教材
环境场地设计

徐 娅 张 斌 编著

＊

中国建筑工业出版社出版、发行（北京海淀三里河路9号）
各地新华书店、建筑书店经销
北京点击世代文化传媒有限公司制版
建工社（河北）印刷有限公司印刷

＊

开本：787×1092毫米 1/16 印张：13½ 字数：242千字
2018年11月第一版 2024年1月第二次印刷
定价：38.00元
ISBN 978-7-112-22309-1
　　　　（32181）

前言

《高等学校环境设计专业系列教材》（以下简称"系列教材"）是环境设计教学体系的重要支撑，由西安建筑科技大学艺术学院环境设计专业多位教学经验丰富的教师编写。西安建筑科技大学环境设计专业有着悠久的办学历史，拥有雄厚的师资队伍，在科研水平、教学经验等方面均具有独到的优势。本着对环境设计专业发展作出贡献的宗旨，编委会全体成员经过紧密筹划，高起点、高水平地编撰完成了这一系列教材，并由中国建筑工业出版社陆续出版。系列教材主要包括三个模块，由十余本内容丰富、特色鲜明的教材组成，整套丛书题材新颖、深入浅出，理论结合实际，可以作为环境设计、风景园林等专业的本科生教材，也可以作为广大教师、科研和工程技术人员的参考书。

系列教材以特色求发展为宗旨，以建筑与环境相结合、文脉的继承与发展为基础，以中尺度城乡环境设计为主题，以生态环境保护与设计为重点，主要分为专业基础、专业能力和专业方向三个模块，全面覆盖了初级到高级，理论到实践的相关专业知识。

教材主要特色：

（1）完整的教学体系

全面的知识和技能培养体系帮助学生系统地学习环境设计专业知识，全面提升环境设计能力。教材内容基本涵盖了环境设计专业的知识和能力要求，既满足了我国环境设计专业发展的需要，又兼顾了环境设计实践运用能力的需要。

（2）渐进的教学内容

教材在秉承先进教学理念的基础上，更加强调教材内容的渐进性。教材内容由浅入深，渐进性编排，注重新旧知识的结合、避免教学内容的重复出现。

（3）清晰的教学主线

教材都是基于统一的专业培养目标和定位、专业知识要求和设计能力要求编写，教材内容选用严格、精心准备，形成了清晰的教学主线。

（4）丰富的教学知识

教材为教师提供了完整的教学方案，帮助教师快速掌握更有效的授课方法，提高教学效果，每本教材均配有丰富的设计实践内容，便于教师创造性运用教材，灵活掌控教学。

（5）图文并茂的设计

教材均注重教学内容的图文并茂，大量的优秀设计案例充分激发学生学习环境设计的兴趣和动力。

（6）配套完善，指导详尽

教材除纸质版教材外，还开设了网络教学平台，提供与之配套的多媒体教学、微课教学等教学内容，为学生提供了多角度的教学配套支持。

目录

1 概论

第一章 概论

1.1 场地设计的概念

场地由三维空间的物理特征、人的活动和历史文化内涵构成。场地设计就是为了满足建设项目的要求，依据基地现状条件和相关法规，组织场地各构成要素之间关系的设计活动。场地设计的根本目的是通过设计使场地各构成要素形成有机整体，以发挥最佳效用，达到最佳状态，获得最佳效益。

场地设计包含多方面内容：自然环境（水、土地、气候、植物、地形等），人工环境（通过人为改造后形成的景观空间环境），社会环境（历史环境、文化环境、生活环境，等等）。

场地设计是一门综合学科。首先，宏观上场地设计决定宏观形态的用地划分、交通流线组织、空间环境布局、构筑物、园林小品、绿化植物及配套设施等内容；其次，微观上场地设计能够决定场地道路、竖向设计、管道设施等细部设计内容；最后，精神层次上场地设计应充分挖掘场地的场所精神，体现场地的地域文化。因此，场地设计是一门既包含深刻科学理性，又蕴含丰富人文情感的学科，需要设计师运用丰富的理性知识和感性认知去体现设计以人为本的理念。

1.2 场地设计的目的

场地设计提高基地利用的科学性，使场地中的各要素，尤其是建筑物与其他要素形成一个有机整体，保证建设项目能合理有序地使用，发挥经济效益和社会效益。同时，使建设项目与基地周围环境有机结合，产生良好的环境效益。

（1）满足使用者的功能要求：交通、驻留、观赏、游戏、聚会、演讲、纪念、运动等。

（2）满足使用者的心理要求：审美、价值观、思想性等。

（3）影响使用者的心理和行为：鼓励、引导、诱使、避免、警示。

图 1-1　加拿大温哥华城市中心区滨水景观场地设计

1.3　场地设计的内容

（1）现状分析：分析场地及其周围的自然条件、建设条件和城市规划的要求等，明确影响场地设计的各种因素及问题，并提出初步解决方案。

（2）场地布局：结合场地的现状条件，分析研究建设项目的各种使用功能要求，明确功能分区，合理确定场地内建筑物、构筑物及其他工程设施相互间的空间关系，并具体地进行平面布置。

（3）交通组织：合理组织场地内的各种交通流线，避免各种人流、车流之间的相互交叉干扰，并进行道路、停车场地、出入口等交通设施的具体布置。

（4）竖向布置：结合地形，拟定场地的竖向布置方案，有效组织地面排水，核定土石方工程量，确定场地各部分的设计标高和建筑室内地坪的设计高程，合理进行场地的竖向设计。

（5）管线综合：协调各种室外管线的敷设，合理进行场地管线综合布置，并具体确定各种管线在地上和地下的走向、平行敷设顺序、管线间距、架设高度或埋设深度等，避免其相互干扰。

（6）环境设计与保护：合理组织场地内的室外环境空间，综合布置各种环境设施控制噪声等环境污染，创造优美宜人的室外环境。

（7）经济技术分析：核算场地设计方案的各项技术经济指标，满足有关城市规划等控制要求；核定场地的室外工程量及造价，进行必要的技术经济分析与论证。

1.4 场地设计思想的历史起源及东西方差异

1.4.1 场地设计思想的起源

1.西方

西方场地设计思想追求形式美,遵循几何法则,必然呈现出几何数理关系,比如轴线对称、均衡以及明确的几何形状,如直线、正方形、圆形、三角形,等等。因此,西方的场地设计思想更强调人的创造力量以及人与自然相抗衡的精神。也就是说,西方场地设计思想更重视人在自然和环境中的主导地位,更强调改造自然。

图 1-2 英国索尔兹伯里石环

图 1-3 吉萨金字塔群

2.东方

中国传统场地设计思想理念以及处理场地间的独特理念源自中国传统文化精神和哲学思想,追求天人合一、师法自然,倡导与自然和谐统一的设计理念。中国传统园林"虽由人作,宛自天开",在场地设计方面自然洒脱。

中国传统园林和造园过程中场地设计思想遵循儒家仁礼之道,切合封建统治者长治久安、兴国安邦的愿望,所以皇家园林在场地设计上表现出宏大、庄严、雄伟的气势。而私家园林追求道法自然、逍遥自在的思想境界，场地设计灵活多变、妙趣横生。寺观园林体现出超脱的思想理念，在场地设计上具有超脱、简约、雅致、天然的鲜明特征。琴棋书画的艺术影响又为中国传统园林增加了许多人文色彩，这些元素更加成为当代场地设计的基础。

图1-4　天坛

图1-5　拙政园

图1-6　宏村

1.4.2　东西方场地设计思想的差异

东西方建筑传统之间的鲜明差异在很大程度上是由对待场地的不同观念所致。

1.基本观念认识上的不同

（1）人工美与自然美

西方园林所体现的是人工美，不仅布局对称、规则、严谨，就连花草都修整得方方正正，从而呈现出一种几何图案美，从现象上看，西方园林主要是立足于用人工方法改变其自然状态。中国园林则完全不同，既不求轴线对称，也没有任何规则可循，相反却是山环水抱，曲折蜿蜒，不仅花草树木任自然之原貌，即使人工建筑也尽量顺应自然而参差错落，力求与自然融合。

（2）人化自然／自然拟人化

造园离不开自然，但是东西方对自然的态度却截然不同。西方美学著作中认为美是一种素材或源泉，而自然美本身是有缺陷的，必须经过人工的改造才能达到完美的状态。也就是说，自然美只有经过人工改造后才具有审美意义。黑格尔在《美学》中提出，任何自然界的事物都是有缺陷的，没有人类的认知，便见不到理想美的特征。"美是理念的感性显现"。所以美是人工创造的，自然按照人的意志加以改造，才能达到完美的境地。

中国传统园林对自然美的认识和探求遵循的是另一个方向——寻求自然与人的审美的契合，自然美能够与人的感知引起共鸣。中国传统园林的自然审美观起源于魏晋南北朝，当时的士大夫阶层淡漠政治而寄情于山水之间，以"情"作为中介来体会自然之美。中国传统园林虽然从形式和风格上追求自然美，但并不是简单地模仿自然，而是在深刻感受自然美的基础上加以提取、抽象和概括。中国传统是在顺应自然的前提下更加深刻地表现自然，而并非按照人的理念去改变自然。

西方造园的场地设计理念是人化自然，而东方则是自然的拟人化。

（3）形式美与意境美

西方传统园林虽然也不乏诗意，但追求的是形式美；中国传统园林虽然也重视形式，但追求的是意境美。西方园林那种轴线对称、均衡的布局，精美的几何图案构图，强烈的韵律节奏感都明显地体现出对形式美的刻意追求。

中国传统园林则注重"景"和"情"，景自然也属于物质形态的范畴。但其衡量的标准则要看能否借它来触发人的情思，从而具有诗情画意般的环境氛围即"意境"。这显然不同于西方造园追求的形式美。这种差异产生的主要原因是中国园林的文化背景。自魏晋南北朝以来，文人、画家的介入使中国传统园林深受绘画、诗词和文学的影响。而诗和画都十分注重意境的追求，致使中国园林从一开始就带有浓厚的感情色彩。

2. 基地条件认识上的不同

中国传统园林场地设计重视建筑与环境的关系，在场地处理上提倡结合现实基地条件，如"因地制宜""依山就势"理念。中国特有的风水学理论中，关于基地选择、场地布局和场地之间关系的论述具有一定的科学原理。

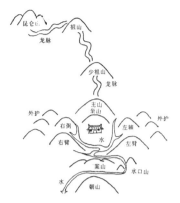

图 1-7 中国风水宝地环境模式

图 1-8 明十三陵

西方场地设计思想更强调对基地的人工改造，表现为将人为的秩序施加于基地之上的倾向。场地在整体上大多具有明显的抽象效果和几何结构关系，这一点在西方古典主义的宫殿和庭园之中表现得最为充分。

图 1-9 枫丹白露

图 1-10 凡尔赛宫

3.场地要素认识上的不同

中国传统园林重视建筑外环境的场地设计，场地中各要素之间的平衡与协调是设计的重点，而非建筑物。在中国传统园林中建筑物多分散布置于园林之中，讲究的是场地中各要素之间相互配合的整体效果，景观和建筑共同形成的院落往往成为场地中最重要的部分。从场地设计的角度来看，强调景观和建筑之间的"虚实"关系是中国传统园林场地设计的基本态度。重视"虚实"之间的融合就是重视场地中景观和建筑在位置上的平衡关系和形态上的融合关系。

而在西方传统园林中，建筑物的地位要明显高于其他要素。场地中的建筑物往往位于整个园林的中心位置，成为整个场地的核心，建筑与景观之间的关

图 1-11 圆厅别墅（帕拉迪奥）

系也是直接而肯定的支配关系，建筑物大多是整个场地的主题，建筑与景观之间也更多地表现出各自的独立性。如果说中国传统园林是"虚实"相融，以"虚"为主，那么西方传统园林可以说是"虚实"自立，以"实"为主。

场地设计思想不论在东方还是西方都有着悠久的历史渊源和丰富的内涵。强调人工性和人在改造自然中的主导地位，西方场地设计思想具有重视实体、重视建筑物、重视建筑技术的倾向，也使西方场地设计思想在近现代场地设计中取得明显优势，伴随着现代化运动而席卷整个世界。但是西方场地设计思想在取得辉煌成就的同时也产生了深刻的危机。在东西方文化日渐交融的今天，融汇两种场地设计思想，认真研究场地设计问题，具有深远的历史意义。

1.5 场地设计优秀实例鉴赏

1.5.1 安藤忠雄（Tadao Ando）水之教堂

"水之教堂"位于北海道夕张山脉东北部群山环抱的一块平地上，周围是浓郁的大片森林、蜿蜒的溪流。安藤忠雄在设计中着意将自然界的多种要素，如光、影、风、雨、草、木、水等引入，给建筑物带来生机和诗意。这些都有别于将教堂置于高地而渲染出高高在上的神圣感的传统做法，安藤忠雄对场地的处理让参观者能够感受到大自然肃静而不可抗拒的神圣感。

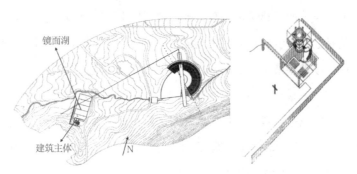

图 1-12 水之教堂总平面及轴测图

水之教堂场地中挖出了一个 90m×45m 的人工水池，从周围的一条河中引来了水。水池的深度是经过精心设计的，以使水面能微妙地表现出风的存在，甚至一阵小风都能兴起涟漪。

图 1-13 水之教堂

1.5.2 卡洛·斯卡帕（Carlo Scarpa）布里昂家族墓园设计（Brion Family Cemetery ）

布里昂家族墓园位于意大利北方小城特莱维索附近的桑维多，基地紧邻桑维多公墓，约 2200m² ，呈 L 形。墓园外缘由略向内倾的矮墙围合，园内分布三个中心：带方亭的水池、坟墓以及小家庙。这个墓园的表达将死亡转向了对生命的回响和召唤。墓园内的大片草坪被抬高几十厘米，在园外的人看不到里面，而园内的人却能将外面的教堂和田野尽收眼底。园内绿草葱葱，藤蔓蜿蜒，水面明净，睡莲盛开，俨然一座活泼的园林。斯卡帕将一种对生死轮回的坦然和宁静带给了墓园。

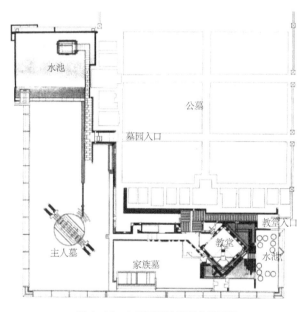

图 1-14 布里昂家族墓园总平面图

对于墓园，卡洛·斯卡帕并未走一般路径，即塑造一个肃穆的、中心突出的纪念性空间序列，而是采用了接近中国古典园林的设计手法，消除严谨的层次关系，以一种漫游式的布局叙述一连串的情怀。墓地入口前的那一小片碎石，宣告从这里开始进入另外一个不属于公墓的领域。

1.5.3 玛莎·施瓦茨（美国明尼阿波利斯联邦法院广场）

明尼阿波利斯联邦法院广场位于美国明尼苏达州明尼阿波斯市，该市除了少数几幢摩天大楼以外，很少有街景、广场和公园。景观设计师玛莎·施瓦茨受到明尼苏达州典型的冰丘地形，以及印第安人史前时代在密西西比河东岸建造的土丘的启迪，使当地联邦法院广场体现为一道别出心裁的风景。

图 1-15　布里昂家族墓园内景

　　广场上的绿色鼓丘与建筑中心轴线呈 30°角,提供路人跳跃的视觉感受;几段与鼓丘平行的树桩作为座椅,被漆上银色的油漆,体现出现代与原始、景观与功能的巧妙结合。

　　这个 5 万平方英尺的广场要求设计能适于开展市政及个人活动,有自己的形象和场所感。土丘和原木代表了明尼阿波利斯的文化和自然史,它们被用来作为广场的标志和雕塑元素,既象征了自然景观又代表了人们对其主观性的改造。那些土丘试图唤起人们对地质和文化形态的回忆;它们也暗示了冰河时代的冰积丘、有风格的山丘。泪珠状土丘高 7 英尺,上面栽种了短叶松——明尼苏达州北部森林中的一种常见树种。

图 1-16　美国明尼阿波利斯联邦法院广场

1.5.4　斯腾·霍耶作品（丹麦"大地与光之雕塑"城市入口景观）

"大地与光之雕塑"是霍耶与艺术家埃娃（Eva Koch）合作，为丹麦西部城市伊士比亚（Esbjerg）和丹麦艺术委员会设计的城市入口景观项目。在伊士比亚城北郊的高速公路和高等级公路建设后，在道路交叉地段遗留下了约100万立方米的土石方。市政府希望这些多余的泥土能为该城市创建一个新的地标，使其成为伊士比亚的城市入口景观。

设计师利用这些土石方堆砌出了一个高30m、直径180m的圆形穹顶。在圆形穹顶山上安装了19个直径为3m、用白色硬质塑料制成的圆形穹顶照明灯具。同时，在圆形穹顶式的小山旁，建造了一个1公里长的缓坡土堤以和小山相呼应。一条自北向南通向城区的道路切开土堤，切开部分最高位置为7m，在切口保留了当时切开时打桩所用的钢板墙。

该设计最独特的景观元素是圆形穹顶山上的自然草坡和白色穹顶灯，以及来自格陵兰岛的再循环钢板材料。在白天，由绿草、白灯以及在山坡上吃草的羊群组成了一副大地景观艺术，并与远处伊士比亚的城市景观相呼应；在夜晚，这些灯的暖色光源在冷色调的夜空下不仅给这个地区带来特殊的视觉感受，而且给过往车辆带来了很强的识别感。

图1-14　丹麦"大地与光之雕塑"城市入口景观

　　这个位于伊士比亚城市北部开发地区、高速公路旁的设计作品，不仅较好地连接了北部机场和南部城市，使其成为该城市重要的入口形象与标志，而且以其艺术与自然的简约结合所形成的独特的大地艺术景观，将作为未来城市规划中新公园的一部分，成为人们休闲和娱乐的新场所。

2 基础知识

第二章　基础知识

2.1　地形

地形是基地的形态基础、基地总体的坡度情况、地势走向变化的情况、各处地势起伏的大小。地形是基地"有形"的、可见的主要因素，是基地形态的基本特征。

图 2-1　利用地形的设计实例——芬兰赫尔辛基理工大学主楼（阿尔瓦·阿尔托设计）

几种常见地形的设计要点　　　　　　　　　　　　　　　表 2-1

地形	图示·等高线	地貌景观特征	设计要点
沉床盆地		有内向封闭性地形，产生保护感、隔离感、隐蔽感、静态景观空间，闹中取静，香味不易被风吹散，居高临下	总体排水有困难，注意保证有一个方向的排水，有导泄出路或置埋地下穿越暗管，通路宜呈螺旋或"之"字形展开
谷地		景观面狭窄成带状内向空间，有一定神秘感和诱导期待感，山谷纵向宜设转折焦点	可沿山谷走向安排道路与理水工程系统

续表

地形	图示·等高线	地貌景观特征	设计要点
山脊山岭		景观面丰富，空间为外向型，便于向四周展望，脊线为坡面的分界线	道路与理、排水都易解决，注意转折点处的控制标高，满足规划用地要求
坡地		单坡面的外向空间，景观单一，变化少，需分段组织空间，以使景观富于变化	道路与排水都易安排，自然草地坡度控制在 33% 以下，理想坡度为 1% ~ 3%
平原微丘		视野开阔，一览无余，也便于理水和排水，便于创造与组织景观空间	规划地形时要注意保证地面最小排水坡度的满足，防止地面积水和受涝
梯台山丘		有同方位的景观角度，空间外向性强，顶部控制性强，标识明显	组织排水方便，规划布置道路要防止纵坡过大而造成行车和游人不便及危险，台阶坡度宜小于 50%

2.1.1 地形图阅读

1. 地形图

地形条件判断的依据是地形图。

地形图是按一定的投影方法、比例关系和专用符号把地面上的地形（如平原、丘陵等）和地物（如房屋、道路等）通过测量绘制而成的。

地形图的比例尺是图上一段长度与地面上相应一段实际长度的比值。

地形图上用以表示地面上的地形和地物的特定符号叫图例。

地形图的主要图例有地物符号、地形符号和注记符号三大类。

2. 地形图的方向与坐标

地形图的方位通常为上北、下南、左西、右东。

地形图上任意一点的定位是以坐标网的方式进行的。坐标网又分成基本控制大地的坐标网和独立坐标网。坐标网一般以纵轴为 X 轴，表示南北方向的坐标，其值大的一端表示北方；横轴为 Y 轴，表示东西方向的坐标，其值大的一端表示东方。

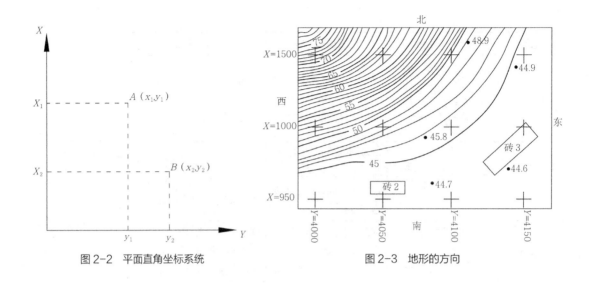

图 2-2　平面直角坐标系统　　　　　　　　图 2-3　地形的方向

3. 地形图高程

地形图是用标高和等高线来表示地势起伏的。以大地水准面（如青岛平均海平面）做零点起算的地面上各点的高程，称为绝对高程或海拔；采用测量点与任意假定水准面起算的高程，叫相对高程。

我国目前确定的大地水准面采用的是"1985 年国家高程基准"。它以青岛验潮站 1952—1979 年的潮汐观测资料为计算依据，并用精密水准测量位于青岛的中华人民共和国水准原点，得出 1985 年国家高程基准。

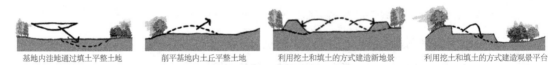

基地内洼地通过填土平整土地　　削平基地内土丘平整土地　　利用挖土和填土的方式建造新地景　　利用挖土和填土的方式建造观景平台

图 2-4　场地地形常见处理方式

2.1.2　等高线

1. 等高线的形成

等高线是把地面上高程相同的点在图上连接起来而画成的线，即同一等高线上各点的高程都相等。一般情况下，等高线应是一条封闭的曲线。相邻两条等高线之间的水平距离叫等高线间距；相邻两条等高线的高差称为等高距。在同一张地形图上等高距相同，而等高线间距随着地形的变化而变化，且等高线间距与地面坡度成反比。地形图上采用的等高距一般取决于地形坡度和图纸比例，一般比例越大或地形起伏越小采用等高距越小，反之则采用较大等高距。一般 1：500、1：1000 地形图上常用 1m 的等高距。

利用等高线可以把地面加以图形化描述，在建筑或景观规划中，以等高线为底图进行规划设计是一种常用的手段。

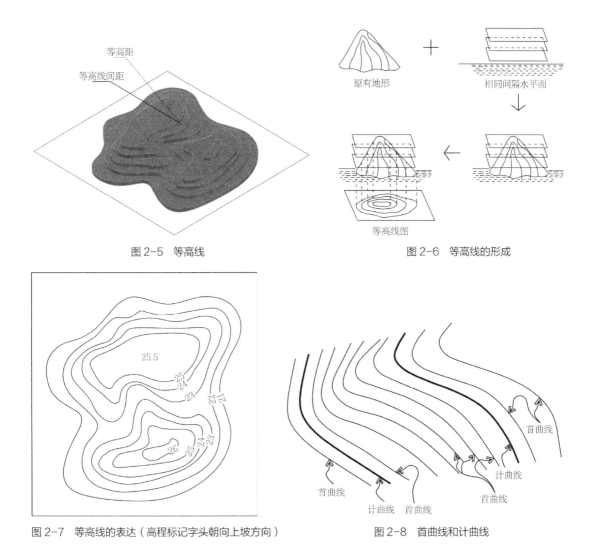

图 2-5　等高线

图 2-6　等高线的形成

图 2-7　等高线的表达（高程标记字头朝向上坡方向）

图 2-8　首曲线和计曲线

一般地形图中只有两种等高线。一种是基本等高线，称为首曲线，常用细实线表示。另一种是每隔 4 根首曲线加粗一根并注上高程的等高线，称为计曲线。有时为了避免混淆，原地形等高线用虚线，设计等高线用实线。

2.用等高线表示的几种典型地形

地球表面的起伏相差很大，通常将其分为平原和高地两大类。凡地面起伏不大，大多数坡度在2°以内的地区称为平原（或平地）。高地又分为丘陵地、山地和高山。其地面坡度多数在2°~6°之间的地区称为丘陵地；其地面坡度多数在6°~25°的地区称为陡坡地；其地面坡度多数大于25°的地区称为高山地。

等高线间距的疏密反映了地面坡度的缓与陡。根据坡度的大小，可将地形划分为以下类型：

（1）山峰与洼地

山峰与洼地的等高线皆是一组闭合曲线。在地形图上区分山峰或洼地的准则是：凡内圈等高线的高程注记大于外圈者为山峰，小于外圈者为洼地。如果等高线上没有高程注记，则常用示坡线表示。示坡线就是一条垂直于等高线而指向下坡方向的细短线。

（2）山脊与山谷

山脊是顺着一个方向延伸的高地。山脊上相邻的最高点的连线称为山脊线。山脊的等高线表现为一组凸向低处的曲线。

山谷是沿着一个方向延伸的洼地。贯穿山谷最低点的连线称为山谷线。山谷等高线表现为一组凸向高处的曲线。

山脊附近的雨水必然以山脊线为分界线，分别流向山脊的两侧。山脊线又称为分水线。在山谷中，雨水必然由两侧山坡流向山谷底，集中到山谷线而向下流，因此山谷线又称集水线。

（3）鞍部

鞍部是相邻两个山顶之间呈马鞍形的部位。鞍部往往是山区道路相遇的地方，也是两个山脊与两个山谷会合的地方。鞍部等高线的特点是在一个大的闭合曲线内，套有两组小的闭合曲线。

（4）其他几种地形

其他几种地形包括：挡土墙、峭壁、土坎、填挖边坡等。

地形类型详表 表 2-2

地形	山地山峰	盆地洼地	山脊	山谷	鞍部	峭壁陡崖
表示方法	闭合曲线外低内高	闭合曲线外高内低	等高线凸向山脊连线低处	等高线凸向山谷连线高处	一对山谷等高线组成	多条等高线汇合重叠在一处
示意图						
等高线图						
地形特征	四周低中部高	四周高中部低	从山顶到山麓的凸起部分	从山顶到山麓的低凹部分	相邻两个山顶之间，呈马鞍形	近于垂直的山坡，称峭壁，峭壁上部突出处，称悬崖或陡崖
说明	示坡线画在等高线外侧，坡度向外侧降	示坡线画在等高线内侧，坡度向内侧降	山脊线也叫分水线	山谷线也叫集水线	鞍部是山谷线最高处，山脊线最低处	

 一二三级阶地　　 V形谷峡谷　　 U形谷箱形谷　　 不对称河谷

 冲沟　　 河流　　 间歇性河流　　 河岸及漫滩

 河岸冲刷　　 泥石流沟谷　　 滑坡　　 崩塌

 岩锥　　 冲洪积扇　　 垄状沙丘　　 固定沙丘

 新月形沙丘　　 干溶洞　　 塌陷　　溶洞

 天然井　　 溶蚀漏斗　　 岩溶洼地　　 岩溶湖

 地下暗河　　沼泽　　 盐渍地　　 牛轭湖

图 2-9　其他地形图图例

2.2 气候

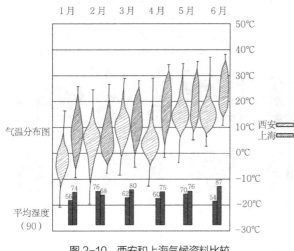

图 2-10 西安和上海气候资料比较

气候指任一地点或地区在一年中或若干年中所经历的天气状况的总和。它不仅指统计得出的平均天气状况，也包括长期变化和极值。影响场地设计的气象要素主要有风向、日照、气温和降水等。

气候是复杂而多变的。气温分布、相对湿度和风向风力决定有效的温度及其与感觉舒适区的关系。降雨量指明对庇护所和排水的需要，太阳轨道和日照时数指明为接纳或消除日辐射而必须采取的措施。除太阳轨道随纬度而定外，上述要素因地而异，没有规律。不宜采用平均值。幅度依情况而变化，特别要考虑特殊要素之间的关系与变化和季节的影响。

图 2-10 为西安和上海的各项关键性气候资料之间关系的比较。其差异鲜明，对场地设计有重要的意义。

上海潮湿而多风，冬季湿冷、夏季湿热、春秋最为宜人，该城风向活跃而多变，在最冷的月份风力最强。每年 10 月至次年 5 月温度通常低于舒适区段，但有效温度通常较高，增加衣服和控制小气候就可以。在设计中，应首先考虑在冬季，尽量避免形成霜冻低地、背阳坡和冷气流。在仲夏人们也会感到不适，应设法组织穿堂风，避免西向暴晒，南墙使用遮阳并种上高大的落叶树，这些树木下部敞开有利通风，夏季又能遮阴。

西安的气候夏季炎热，冬季寒冷，设计时需要着重考虑。夏季气温高，太阳热辐射强，这就需要有遮阴结构、厚的隔热墙。受暴晒而反射阳光形成的眩光可能令人无法忍受，并对人造成在室内外空间过渡中的不适感。大面积无遮蔽的铺装令人不舒服。夏季有时会有暴雨，地表排水系统遇暴雨就会面临极大考验。环绕城市的农业灌溉会改变城市气候。阴霾、泥泞、融雪和潮湿都是需要考虑的。室外路面，特别是潮湿而冻结的地面要仔细设计。

2.2.1 风象

风象包括风向、风速和风级。

1. 风向

风向是指风吹来的方向，一般用 8 个或 16 个方位来表达。

风向频率：风向在一个地区里不是永久不变的，在一定时间内累计各风向所发生的次数占同期观测总次数的百分比，称为风向频率。

风向频率 ＝ 该风向出现的次数 / 风向的总观测次数 ×100%

主导风向：风向频率最高的方位

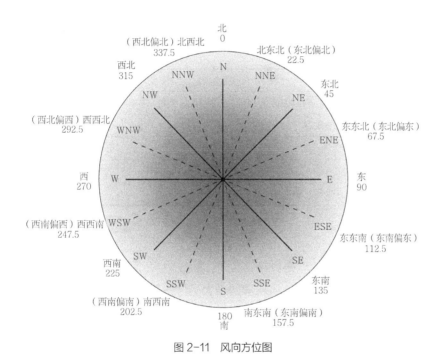

图 2-11　风向方位图

2. 风速及风级

风速：气象学上用空气每秒流动了多少米（m/s）来表示风速的大小。

风级：风力的强度。蒲福风力等级表为常用的划分方法。

		风速表		表 2-3
风力等级	名称	陆上地物征象	风速 /（m/s）	
			范围	中数
0	无风	静，烟直上	0.0 ~ 0.2	0

风力等级	名称	陆上地物征象	风速 /（m/s）	
			范围	中数
1	软风	烟能表示风向，树叶略有摇动	0.3 ~ 1.5	1
2	轻风	人面感觉有风，树叶有微响，旗飘动，高草摇动	1.6 ~ 3.3	2
3	微风	树叶及小枝摇动不息，旗展开，高草摇动不息	3.4 ~ 5.4	4
4	和风	能吹起地面灰尘和纸张，树枝摇动，高草呈波浪起伏	5.5 ~ 7.9	7
5	清劲风	有叶小树摇摆，内陆水面有水波，高草波浪起伏明显	8.0 ~ 10.7	9
6	强风	大树枝摇动，电线呼呼有声，撑伞困难，高草不时倾伏于地	10.8 ~ 13.8	12
7	疾风	全树动摇，大树枝弯下，迎风步行感觉不便	13.9 ~ 17.1	16
8	大风	可折毁小树枝，人迎风前行感觉阻力甚大	17.2 ~ 20.7	19
9	烈风	草房被破坏，屋瓦被掀起，大树枝可折断	20.8 ~ 24.4	23
10	狂风	树木可被吹倒，一般建筑物遭破坏	24.5 ~ 28.4	26
11	暴风	大树可被吹倒，一般建筑物遭严重破坏	28.5 ~ 32.6	31
12	飓风	陆上少见，摧毁力极大	> 32.6	> 33

3. 风玫瑰图

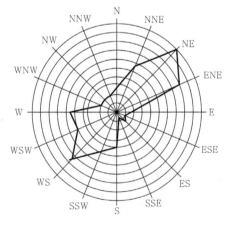

图 2-12　某城市风玫瑰图

风玫瑰图是表示风向特征的一种方法，它分为风向玫瑰图、风向频率玫瑰图、平均风速玫瑰图和污染系数玫瑰图等。

常用的是风向频率玫瑰图，通常简称为风玫瑰图。

风向频率玫瑰图的画法：在风向方位图中，按照一定的比例关系，在各方位放射线上自原点向外分别量取一线段，表示该方向风向频率的大小，用直线连接各方位线的端点，形成闭合折线图形，即为风向频率玫瑰图。

有时风向频率玫瑰图有中心圈，中心圈内的数值为全年的静风频率。

2.2.2　降水

降水根据其不同的物理特征可分为液态降水和固态降水，还有液态固态混合型降水，如雨夹雪等。

降水量：降水量是指从天空降落到地面上的液态和固态（经融化后）降水，没有经过蒸发、渗透和流失而在水平面上积聚的深度。单位是毫米。

降水强度：指单位时间的降水量。常用的单位是毫米／天、毫米／小时。

年度降雨数据需按月细分，以确定为在生长期的景观植物提供降雨量。另外，这些数据也用于计算蓄水池的储水量或场地其他灌溉用水的水源涵养技术。

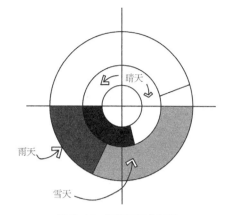

图 2-13　年降雨量分布图

2.2.3　日照

日照是表示能直接见到太阳照射时间的量。太阳的辐射强度和日照率，随纬度和地区的不同而不同。

1. 太阳高度角和太阳方位角

太阳高度角是指直射阳光和水平面的夹角。其值正午时最大，日出日落时为零。

太阳方位角是指直射阳光水平投影和正南方位的夹角。方位角以正南方向为零，由南向东向北为负，由南向西向北为正，如太阳在正东方，方位角为 -90°，在正西方时方位角为 90°。

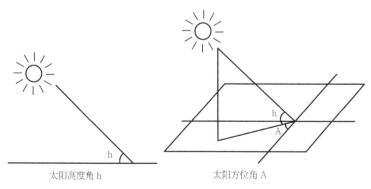

图 2-14　太阳高度角和太阳方位角

2.日照时数和日照百分率

日照时数:指地面上实际受到阳光照射的时间,以小时为单位表示,以日、月或年为测量期限。

可照时数:指一天内从日出到日落太阳照射到地面的小时数,用来比较不同季节和不同纬度的日照情况。

日照百分率:指某一段时间(一年或一月)内,实际日照时数与可照时数的百分比。

如:西安,全年日照时数2038.2h,日照百分率46%;海口,全年日照时数2239.8h,日照百分率51%。

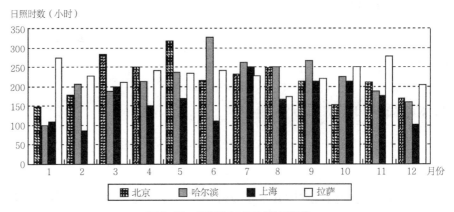

图 2-15 部分城市日照时数统计图

2.2.4 气温

气温:指大气的温度,表示大气冷热程度的量。气温通常指将温度计放在离地面1.5m高处的百叶窗内测得的空气温度。

衡量气温的指标:常年绝对最高和最低气温、历年最热月和最冷月的月平均气温等。

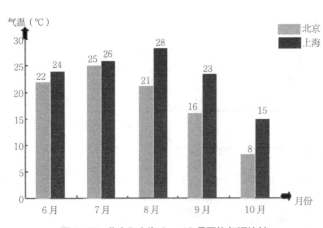

图 2-16 北京和上海6～10月平均气温比较

2.2.5　生态微气候

地形、方位、土壤特性以及地面植被覆盖状况等条件的差异，导致在近地面大气层中同一片地区的个别领域表现出与其他区域有所不同的气候特点。因此，气象学家提出微气候的概念以区别一个地区的大气候状况。

微气候是指一个小范围内与周边环境气候有异的现象。微气候更为详细的定义为，由下垫面构造特性决定的发生在高度100m以下的1km水平范围内近地面处气候，其受人类活动的影响最为明显。而下垫面是指与大气下层直接接触的地球表面。大气圈以地球的水陆表面为其下界，称为大气层的下垫面，它包括地形、地质、土壤和植被等，是影响气候的重要因素之一。

微气候的环境特征是指土壤的结构、空气流通、地形、雨水、太阳辐射、地下水、动物栖息以及植被的变化等在小范围内场地的地理气候变化特征。微气候主要是根据光热的特性影响空气与陆地的区域温度，同时也可以通过季风的水平与垂直运动来降低区域温度，还可以利用水循环影响局部区域的空气湿度、土地湿度，根据植物枝叶的浓密与覆盖面积可阻挡一定的太阳辐射，通过植物的光合作用来改善空气质量。地形是微气候的一种承载方式，根据高差、坡向的不同调节气候，土石结构具有改变热传导及涵养水分的功能，为植物提供生长的界面。

影响微气候最主要的因素是表面温度、气温和太阳辐射温度，其中最易为人所感知的是气温。一般情况下，树荫下的空气温度比露天的空气温度低3~4℃，而草地上的空气温度比沥青地面的温度低2~3℃。

空气湿度也是不可缺少的生态因子。若湿度过高，容易使人感到疲劳；湿度过低则会使人感到干燥、烦躁。最适宜的相对湿度一般为30%~60%。绿地的相对湿度比非绿地可提高10%~20%，绿地调节湿度的范围可达到半径为500m的临近地区。

自然植被可以挡风和飞尘

利用地形可以形成天然屏障

利用水和微风可以散热

图2-17　场地设计对气流和风的疏导和利用

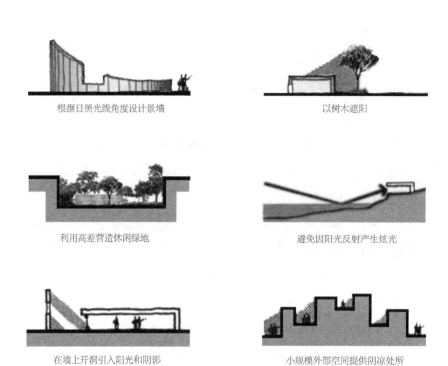

根据日照光线角度设计景墙　　　　　　　以树木遮阳

利用高差营造休闲绿地　　　　　　　　避免因阳光反射产生炫光

在墙上开洞引入阳光和阴影　　　　　小规模外部空间提供阴凉处所

图 2-18　场地设计对日照的疏导和利用

图 2-19　生态小气候

2.3　水体

2.3.1　分水线和汇水线

　　分水线是指流域四周水流方向不同的界线，在山区是山脊线，在平原则常以堤防或岗地为分水线。分水线一般为封闭的连线。地下水的分水线难以测定，常以地表水的分水线来划分流域的范围。

由于地形、地质等原因，有的流域地表水与地下水的分水线在垂直投影面上不重合，这种情形称为非闭合流域；两者重合时称闭合流域。流域内的水流能直接或间接流入海洋，称为外流流域；仅流入内陆湖泊或消失于沙漠之中的称为内流流域。流域是对河流进行研究和治理的基本单元。研究和分析流域的特征，是对河流的开发和治理进行规划的重要依据。

山谷最低点的连线称为"山谷线"或"汇水线"，地貌中等高线的弯曲部分向高处凸出，其两边的雨水向此集中，又名集水线。

在场地中要有疏导雨水的意识。

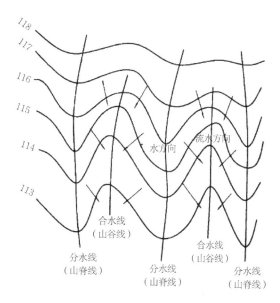

图 2-20 集水线和汇水线

2.3.2 地表径流

地表径流是指降雨或融雪在重力作用下，沿地表流动并汇入河槽的水流（包括地下饱和含水层中的地下径流和非饱和土壤中的壤中流）。谷线所形成的径流量较大而且侵蚀较严重，陡坡、长坡所形成的径流速度也较大，另外，地面较光滑、土壤黏性大时也会加强地表径流。

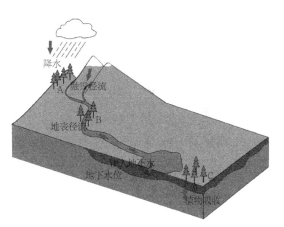

图 2-21 地表径流

降雨后在地表饱和层未建立前不产生地面径流。一经建立，不论其厚度如何，地面径流立即产生。因而，对集水区而言，产生地面径流的必要条件是降雨，充分条件则是建立地表饱和层。地面径流产生时，除非下伏土层已接近饱和，土壤水水分分布一般不连续。此饱和层随降雨持续逐步向下扩充其厚度，随供水停止而收缩、消失。它的存在，使得集水区降雨下渗接近积水卜渗，并在一定程度上阻断了降雨强度带来的影响。

2.4 土壤

2.4.1 透水性

土壤允许水透过的性能，称为透水性，通常用渗透系数（K）来表示。渗透系数是土壤和渗透液体的物理性质有关的常数，渗透系数的单位与渗透速度相同，如 m/h、m/d。

（1）透水：砾石、卵石、砂、裂隙或岩溶发育的岩石；

（2）半透水：黄土、粉土、粉质黏土等；

（3）不透水：黏土、泥岩、页岩及裂隙不发育的坚硬岩石。

土壤的渗透系数参考值 　　　　　　　　表2-4

土类	K/（m/s）	土类	K/（m/s）	土类	K/（m/s）
黏土	$< 5 \times 10^{-9}$	粉砂	$10^{-6} - 10^{-5}$	粗砂	$2 \times 10^{-4} - 5 \times 10^{-4}$
粉质黏土	$5 \times 10^{-9} - 10^{-8}$	细砂	$10^{-5} - 5 \times 10^{-5}$	砾石	$5 \times 10^{-4} - 10^{-3}$
粉土	$5 \times 10^{-8} - 10^{-6}$	中砂	$5 \times 10^{-5} - 2 \times 10^{-4}$	卵石	$10^{-3} - 5 \times 10^{-3}$

一般认为 $K < 5 \times 10^{-9}$ m/s 的土为相对隔水层（不透水层）。

2.4.2 土壤环境承载压力

有关环境承载力的指标根据用途可分为三类：一类是用于表达环境承载力大小的量化指标，一类是用于评价环境承载状态的评价指标，一类是用于指示环境承载状态以及土壤环境承载压力控制程度的监控指标。其中量化指标体系是环境承载力分析的基础，它包含在评价指标体系中；监控指标体系则是决策者最易操作和考核的层面。

环境承载力的有关指标应根据用途，遵循科学性、完备性、代表性、排他性、易操作性等基本原则进行选取。其中，评价指标的选择还需遵循"压力—承载力"的对称性原则。在具体选择中，通常需要寻求各种原则之间的平衡，比如科学性与易操作性的平衡、完备性与代表性的平衡等。

环境承载力评价的核心是判断区域发展造成的土壤环境承载压力是否在环境系统提供的支持能力范围内。环境承载力评价指标体系分别从资源供给、环境纳污、生态服务和社会支持四个方面表达环境承载力及其相应的土壤环境承载压力。特点是环境承载力指标与土壤环境承载压力指标一一对应，评价时环境承载力指标值可视为土壤环境承载压力指标的阈值，能够方便地评价区域发展是否超载以及超载/富载的具体程度。

在区域环境承载力研究中，资源供给能力侧重分析容易形成区域发展瓶颈的土地资源和水资源，其中水资源的供给能力选用水资源可利用量表达，对应的压力指标可用水资源利用总量表达；土地资源的供给能力侧重土地作为活动场所、建筑物基地的空间承载能力，采用适宜建设土地资源量表达，对应的压力指标为建设用地总量。对于环境纳污能力，选用计算方法相对成熟的 SO_2、NO_2 与 PM10 以及 COD 与氨氮的环境容量分别表征大气环境容量和水环境容量，对应压力指标则用各种污染物的年排放量表达。对于生态服务能力，比较研究表明，综合叶面积指数比绿化覆盖率、人均绿地面积和生态绿当量等更能准确地表达森林、草地、耕地、湿地等生物群落的生态调节、支持和文化娱乐功能，故采用综合叶面积指数表征，并辅以森林面积（或森林覆盖率），对应压力指标为综合叶面积指数需求量与森林面积需求量。对于社会支持能力，支持的能力和意愿分别采用人均 GDP 与环境保护投资占GDP 比例表达，对应压力指标为人均 GDP 需求量与环境保护投资占 GDP比例需求量。

减轻土壤环境承载压力与提高环境承载力是解决环境问题、实现可持续发展的两条基本途径，其中人类社会对土壤环境承载压力有很大的调控空间。土壤环境承载压力的控制指标旨在表征人类社会减排降耗的能力水平。

2.5 植被

2.5.1 场地设计中植物的作用

人工环境的建设开发应确保其能持续提供与开发前一致，甚至更好的生态系统服务，这是场地设计的基本要求。

（1）尽可能保护健康的现状植被群落。

（2）选择适应场地条件、不会对场地产生不利影响的植物。

（3）通过植物提供一系列的生态系统服务。

场地中生态价值高的重要地区，应避免受到开发建设的破坏。此外。场地上保留或新种植的植物，应适应建设后的场地条件和需求，关键是对入侵植物的控制和适宜物种的选择。

植物提供的生态系统服务非常重要,良好的植物景观可以使景观从"无害"变成"有益"于场地及周边地区。植物景观策略有:

(1)保护和促进地表水水质;

(2)保护和恢复适宜的植物量;

(3)降低建筑能耗;

(4)缓解城市热岛效应;

(5)避免灾难性山火的发生;

(6)促进人与植物的接触和联系,缓解人的压力。

2.5.2 植物与场地设计

1. 理解场地

场地设计不仅要了解建设前的场地情况,也要了解和掌握建设后的场地情况。种植设计的核心原则可以归结为: 适地适树。

确保选择适合场地需求的植物并不意味着一定要选择场地原有植物。不论是在城市还是乡村,人工开发活动都会不可避免地改变场地原有的生态条件,土壤、水文、微气候、光照等都可能随之发生改变。没有适应各类条件的植物,植物的选择应取决于场地及其所属地区的条件。选择植物的时候,应了解和收集场地建设前的条件,并对建成后的条件进行模拟,然后将二者进行对照分析,以便确定植物的选择。这就要求设计师有识别和收集项目场地或参考场地一系列环境条件的能力。参考场地对植物选择非常重要,因为可以在项目场地附近的参考场地上观察植物群落和植物的生长情况,并对其作出评估。

与植物选择有关的场地信息收集   表 2-5

	场地属于干旱、湿润还是干湿适中?
土壤和水文条件	土壤的排水和紧实度如何?
	土层深度和可用土壤容积
	土壤的 pH 值?
	土壤中是否存在养分失调?
	土壤的盐碱化程度
	土壤中的病虫害情况如何?
	场地是否受到洪水或潮汐的影响?

续表

植被和现状植物群落	区域中的主要生境是什么？
	场地现有植物群落的情况？
	是否存在与场地条件类似的自然群落和天然生境？
	区域内或场地中主要的入侵植物是什么？
环境条件和地理地貌	场地的区位
	场地及周边区域的生境如何连通？
	场地的日照情况如何？
	场地的海拔多高？
	场地的降雨量情况、气候带情况如何？
文化和人工环境条件	场地使用者与植物如何发生关系？
	使用者在哪里可以看到植物？
	期望植物提供哪些生态服务？

2.适地适树

植物选择最重要的就是其是否能够适应场地的条件和要求，如果不符合场地条件，不论是乡土植物还是外来植物，都是不可持续的。同时要考虑植物自身的生长变化、在群落中的作用、对场地的影响、管理养护等，在可持续景观场地设计中植物选择非常重要。场地是不断变化的，选择植物的过程也要包含对场地变化的预判。选择植物应基于其特性和在群落中的作用，同时也要判断植物在新的场地条件下会有什么样的表现。

植物应能满足场地生态系统的需求，这意味着要根据植物在自然群落中的作用，来确定其是否能够适应新的场地。也可以理解为植物群落的构建应符合场地对生态系统服务的需求。

（1）植物选择应考虑其自然特性是否能满足场地生态系统服务的需求。例如，在滨水或潮湿的场地上，应选择来自潮湿自然群落的植物种类。

（2）应以解决场地限制因素或解决具体生态问题为目的来选择植物，如生态修复或提供遮阳功能等。

（3）植物种类选择应满足生境构建、提供庇护或食物来源等生态系统服务功能需求。

适地适树不是只重视乡土植物，而是需要了解场地生态条件最适合什么样的植物生长。

为了预测特定植物的表现，可以核查下列问题：

（1）该种植物最常见的地区的植物群落是什么样的？

（2）该种植物在自然群落中的作用是什么样的？

（3）该种植物会在自然植物群落的哪个部位发生演化？

（4）在群落中，该种植物的显著度如何，原因是什么？

恰当地选择和配植植物，要对土壤、水文、气候、养护等都有深入的了解。除此之外，要考虑建成后植物或群落的寿命问题。人工和自然干扰在人工环境中很常见，还应考虑植物对各类损伤和干扰的抗性。

植物适宜性评价　　　　　　　　　　　　　　　表 2-6

适应性和抗性	选择的品种应能在各种场地条件下（日照强烈 / 遮阴、干 / 湿、冷 / 热、贫瘠 / 富饶）正常而茁壮生长
功能	选择的品种应能提供期望的生态系统服务和功能
养护管理	选择的品种应来自适合的苗圃，易于养护管理；所选的植物对场地或地区而言不应成为入侵物种
设计目的	应符合遮挡、装饰、空间划分等设计目的要求

2.6　道路

2.6.1　道路景观要素

道路的组成包括机动车宽度、非机动车宽度、人行道宽度、道路设施的侧向宽度、道路绿化宽度。

道路景观是由道路本体、桥梁、沿线建筑物、绿化、附属建筑物以及两边广告牌等各种物体构成。这些构成景观的单个物体，称之为道路景观的要素。道路景观要素包括很广，宏观方面可以大至自然地形、地貌、山、水、田野、森林的开阔空间，微观方面可小至邮筒、建筑小品、电话亭、座椅等。

道路景观构成要素　　　　　　　　　　　　　　表 2-7

景观主体要素	1. 道路本体	各级公路、城市道路的路线、路基、路面、专用公路、高架桥、桥梁、隧道、平交、立交桥、排水构造物、行人天桥、地道、停车场等
	2. 道路沿线建筑物	车站、饭店、办公楼、寺庙、道观、宫殿、陵墓、宝塔、图书馆、影剧院、宾馆、商场等

续表

景观主体要素	3.道路绿化公园广场	公园林荫道、街心花园、休闲广场、纪念广场、名胜古迹、花园、植物园、名树园林、行道树等
景观辅助要素	1.道路附属设施	交通安全、管理、服务、防护与照明设施、沿线广告、宣传画、围墙、沟渠、隔离栏
	2.景观背景	江、海、河流、湖泊、山脉、森林、农庄、风车等自然景色，包括天空、云彩、喷泉、瀑布
	3.景观动态要素	车辆行人的活动（步行人群、自行车队）
		季节天气变化（雨、雾、雪、阴影、倒影）
		信息标志动态显示（交通与商业广告）

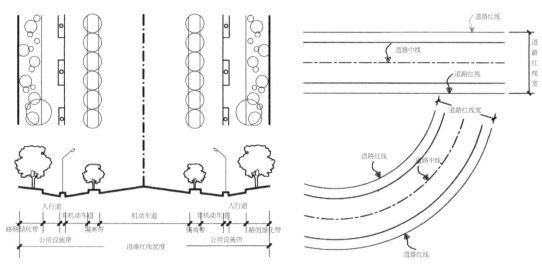

图 2-22　道路的构成

2.6.2　道路景观设计

一般车速为 65km/h 时，视野广角为 75°，前视点 400m，可见宽度为车两侧 24m 以外；车速为 80km/h 时视野广角为 60°，前视点 450m；当车速为 100km/h 时视野广角仅为 40°，前视点为 550m，而可见道路宽为车两侧 33m 以外。表明随着车速的提高，路面在司机或乘客视野中的比重迅速增大，如在 6 车道车速为 40km/h 时，路面在乘车人视野中占 20%，96km/h 时则路面在乘车人视野中要占 80%。这表明车速越高，道路在驾驶员与

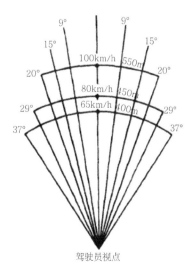

图 2-23　视野随车速变化图

乘客视野中所占地位越来越重要，即道路线形对驾驶员的视觉影像与作用也越来越大，因此，动态条件下道路景观设计以视觉的美感为前提。

图 2-24　充分利用自然景观道路设计实例

1. 平面设计

在路线的平面设计中，必须尽量避免错误地割断生态景观空间或视觉景观空间的做法。种植树木是补充景观的重要措施。在曲线外侧种植树木，可使曲线变化非常明显，而在曲线内侧种植则必须保证所要求的视野，从路堤到结构物的过渡段可通过植树以增强识别特征，并使造型与景观恰当地配合。由路堤到路堑的变化段，在土方工程和植树方面的选型设计中应特别注意。

2. 剖面设计

剖面设计的目的是使边坡造型和现有景观与绿化相适应。

对于单一的交通方式，如自行车和行人交通，应规定自己的交通空间，有可能时不仅应有足够尺寸的分隔带，而且还应有一个明显的横断面净空。在分隔带中的绿化，其保护作用和造型功能应得到足够的重视。

剖面设计借助于种树得到改善。应注意调整从车行道到侧向种树间的规定距离。通常也适当注意树木到道路用地边界的距离。

对双幅公路根据地区条件可以考虑下列解决形式：

（1）扩大中央分隔带

由于造型的需要以及为了保护珍贵的地物，可以把中央分隔带扩大分开两幅道路的形式。

（2）斜坡上的高低双幅公路

由于地带形态、造型、交通工程和经济原因，同时也为了尽量减少对自然和景观的不良影响，常在斜坡上布置高低不同、分道行驶的双幅公路，既降低工程造价，又改善景观环境。

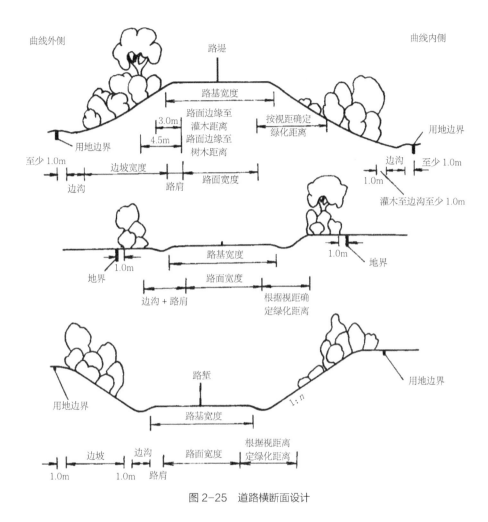

图2-25　道路横断面设计

3.交叉路口设计

对于非主要道路车流量不大、行人较多的交叉口，常在交叉口设置纪念碑、喷泉广场，成为具有观赏吸引力的景点，转角处建筑物的艺术造型往往使路口具有明显特色，更多的情况是让交叉路四角建筑后退，创造较为开阔的空间。在不妨碍转弯交通与驾驶员视线的前提下，布置一些雕塑、树木、报亭，以加强路口的景观印象。有时还借助合理的布置和适当的绿化造型，以促使人们识别和加深交叉口的印象。为了不影响交叉口的行车视线，只允许在视野外种植小丛林。

交叉口造型的目的是为了节省用地面积和获得良好的地面景观。对于立体交叉口升坡匝道和升坡匝道内的面积也要充分利用，以美化环境，改善景观。

丁字交叉口会合处宜在支路的对面范围内种植密集的树木，会合道路的右侧延伸的树木会引起驾驶员的注意，从而降低驶近交叉口的速度。

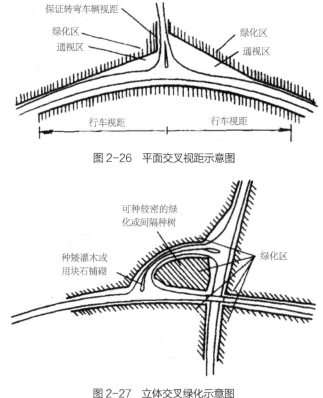

图 2-26　平面交叉视距示意图

图 2-27　立体交叉绿化示意图

2.7　技术指标

1. 占地总面积

对于建筑物而言，占地面积是指建筑物所占有或使用的土地水平投影面积，一般按底层建筑面积计算。通常用于计划地块的建筑密度，计算公式是：

建筑密度 = 基底面积 / 用地面积

对于平地而言，可以指空白地皮的面积，即地块总面积。在最初进行报批立项时，会经常用到"占地面积"这个词，就是这个意思。

2. 总建筑面积

简单地说：就是建筑物各层的水平投影面积的总和。

英文缩写：GFA，Gross Floor Area。

3. 道路面积

道路面积指道路面积和与道路相通的广场、桥梁、隧道的面积（统计时，将人行道面积单独统计）。

人行道面积按道路两侧面积相加计算。道路面积为机动车道面积与人行道面积之和。包括步行街和广场，不含人车混行的道路。

4. 容积率

容积率（Plot Ratio/Floor Area Ratio/Volume Fraction）又称建筑面积毛密度，是指一个小区的地上总建筑面积（但必须是正负 0 标高以上的建筑面积）与用地面积的比率。一个良好的居住小区，高层住宅容积率应不超过 5，多层住宅应不超过 3，绿地率应不低于 30%。

5. 绿地率

城市的总绿地率是指城市建成区内各绿化用地总面积占城市建成区总面积的比例。也可计算建成区内一定地区的绿地率。如居住区绿地率（Ratio of green space/greening rate）描述的是居住区用地范围内各类绿地的总和与居住区用地的比率（%）。绿地率所指的"居住区用地范围内各类绿地"主要包括公共绿地、宅旁绿地等。其中，公共绿地又包括居住区公园、小游园、组团绿地及其他的一些块状、带状化公共绿地。区别于绿化率。

计算公式：

城市绿地率 =（城市各类绿地总面积 ÷ 城市总面积）×100%

绿地率 =（绿地面积 / 用地面积）×100%

6. 停车率

指场地内规划停车位数量与居民户数的比率（%）。

2.8 底图

底图是指现有场地的测量图，通常是原有的规划地形图。

图 2-28 规划地形图

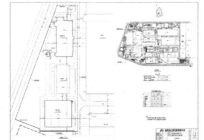

图 2-29 场地勘测图

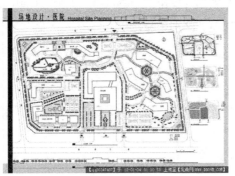
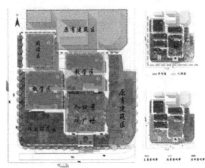

图 2-30 场地设计平面图

常用单位：

1 公尺 =1 米

1 公寸 =1 分米

1 公分 =1 厘米

1 英尺 =30.84 厘米

1 英寸 =25.4 毫米

1 公亩 =100 平方米

1 亩 =（10000/15）平方米 ≈ 666.6 平方米

1 平方英尺 ≈ 0.092 平方米

1 平方英里 ≈ 2.589 平方公里

1 公顷 =10000 平方米 =15 亩

2.9 航片判读

以航片（或航测照片）做基地分析，既可作为地图判读总的格局，也能取得地图所不能提供的详细资料。

航片对于场地设计的最大价值在于显示详尽的信息，其次在于能比照判读地面形态和高程。第一步，判读者要学会按飞行模式排布好航片，初步加以叠合连接，以便看到基地整体，并确定哪一张或哪几张航片能最好地记录他所关心的部分的情况。航片边上的飞行航次和系列编号指明顺序和排列衔接。单张航片可以通过扇状展开加以匹配。

航片明暗的综合变化是地物对任意光线反映回镜头的结果。大的地面特征如建筑、道路、河流和树木较易鉴别，甚至可以确定土壤类型、植被性质、建筑类别和维修状况、小路、特定活动迹象、交通流（车辆或步行）、排水、侵蚀和泛滥、地块境界，小的地物甚至地下或水下特征，诸如湖底或往昔土地使用的痕迹等。航片的细部受光线的质量和底片感光度及粒子细度的限制。

解意和辨别的线索包括形态、格局、质感、明暗、阴影和文脉关联。经常使用航片和反复比较航片影像与地面实际情况将帮助设计师在判读方面更有技巧。

航片的比例不统一，但是平均近似比例就是相机焦距与相机距地面高度之比，这两项数据通常为已知，但必须以同样的计量单位表示。因此，一个飞行高度为 1800m，拍摄相机焦距为 160mm 的飞行系列航片的平均比例为 1：12000。如果焦距和飞行高度不清楚，可通过比较地面量取任何特定图像或通过与地图比较，或通过已知经验（如卡车长度或标准电杆距离）以估计航片的实际比例。要选择一个靠近或通过近地点的长度或物体进行比较。

　　单张航片通过集中拼接以形成组合航片，覆盖大面积用地。每张航片与同一飞行中前一张航片叠合，并将重叠部分切去以显示航片下方的中央部分。要尽可能沿某些线性地形特征如一条路或者地块界线剪切以使边缘衔接不妥之处不那么明显。每张航片定位、与前一张黏结并与相邻航次飞行的相邻航片衔接妥当后，就形成了由相继航片中央区域组成的大范围组合航片。然而，随着拼接面积增大，这些组合航片就越来越扭曲，比一般地图精度也越来越差。

　　如果能知道地面经过精确测量的长度，就有可能利用精确的径向位移的事实，将一串相互重叠的航片转化为统一比例的有控制的地图。如今绝大多数地图制作都是以这种航片利用复杂的航测方法和自动化设备而完成的。有一种称之为径向聚集法（Radial method）的技术，只需用描图纸和普通绘图仪就可以完成地图制作。

图 2-31　卫星航片

3 场地调查与场地分析

第三章 场地调查与场地分析

3.1 场地调查

每个场地都嵌入在某一环境中。场地调查是了解场地特征，了解场地与周边环境空间、生物及文化联系的重要步骤。土地开发、修复及管理都需要掌握环境和人文方面的知识。对其研究，有助于增加我们对空间、生物和文化的了解。而这些知识是场地规划、设计和管理的基础。

场地调查是一个集中收集和描述属性相关数据的过程。如果数据收集没有得到足够的重视，场地调查将会消耗大量的时间、物力和专家的精力。因此，场地调查的目标必须提前确定，从而缩小数据收集工作的范围。

在初步勘察后，首要任务之一就是绘出基本地图。该地图可以作为场地特征描述和分析的模板，也可以作为随后的设计模板。如果对场地进行地形测量，则底图就包括项目边界和其他关键的场地信息（表3-1）。

通过地形学调查得到的场地信息	表 3-1
类别	**场地信息**
边界	地界线
	场地面积
地形	等高线
	制高点和最低点的高程
植被	森林
	孤立的树丛（树种和胸径）
土壤/地质情况	地洞，下陷
水文	地表水
	湿地
	100年一遇的洪水的泄洪道和洪泛区
公共工程	类型（例如，生活污水管、输电线路、输气管、电话线）

类别	场地信息
公共工程	管线的尺寸
	检修孔，给水栓和其他固定设施
构筑物	建筑
交通	道路和道路用地
	路缘石和排水沟
	停车区域

3.1.1 物理属性

许多场地特征，如植被或斜坡都是不均匀地分布在环境中。然而某些特征，如随季节变化的平均气温和降水，在场地上却很少有波动空间。一年中的气温和降水都会显著变化，这种时节性的变化可能会季节性地、显著地影响场地利用。因此，适当的场地调查图纸会记载场地在一年中的多次空间分布。这种季节性变化的场地特点包括野生动物的分布、风向和风速，以及季节性水位。

1.场地规模和平面形状

地块的范围和面积是设计潜力的内在限制。如果其他因素都相同，较大面积的场地比较小面积的场地更能适应大型的土地开发项目。对于较小的场地，外部因素则更可能直接影响场地用途。较大的场地，在可达性和适应性方面会更具灵活性。场外空间可以进行开放空间的整合，包括自然地和缓冲区，它们可以隔离不协调的土地，并且屏蔽不雅的景观。

场地平面形状可能会降低开发潜力和设计灵活性，这种情况在较小的场地及狭窄的线性场地更加突出。边缘占较大比例的场地增加了其对周围环境的接触机会。如果场地毗邻公路或者其他类型土地，例如线性、较小的场地，会大大限制设计师处理噪声和视觉影响的能力。

场地范围和平面形状结合起来，会明显影响设计的可持续性。当评估面积较小的线性场地时，在适宜性及与周边环境的兼容性方面，场地周边环境就显得十分重要。

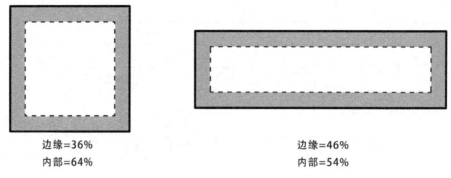

边缘=36%
内部=64%

边缘=46%
内部=54%

图 3-1　场地范围和平面形状的关系

2.地形

在大部分场地设计中，地形因素十分重要，因此，开展场地地形调查至关重要。场地地形调查针对相对较大尺度的土地，在地图上标示出三种基本地形要素——海拔、坡度和坡向。

（1）海拔

立面的空间变化产生了斜坡，斜坡包括坡度和坡向两个基本因素。例如，场地立面影响水系流动和能见度，场地和其周围景观立面的变化决定场地范围和当地视域的空间结构。

制图：

立面数据在地形图上通常用等高线表示。为了达到设计目的，常使用立面分级统计图使地形轮廓图可视化的方法。为了降低地图的视觉复杂性并易于理解，地图应含有较少（五到九个）的立面分级。场地场外立面图决定了每一立面分级。例如，如果当地的基准线的上立面最高点是33m，最低点是21m，那么地图显示出的立面最小范围就是12m。为了降低地图的视觉复杂性，12m可以分为6级，每级2m。每一层加阴影或填上颜色——通常是按光谱从冷色(低海拔)到暖色（高海拔）的顺序——提高地图的识别性。

（2）斜坡

土质和侵蚀情况的差异是形成地形特征的原因之一。因此，地形中的斜坡是土地的构造过程（如沉积过程）和破坏过程（如侵蚀过程）作用在土地结构体上的结果。并且未被开发的场地的斜坡反映出了当地地表的地质状况。

一块场地是否适宜建造部分取决于场地坡度，例如香港和旧金山的土地开发项目经常是建设在陡坡上的。但是这些城市有相对温暖的气候，冬日气候严寒的地方，设计车行和人行交通系统时，需要深入考虑陡坡安全性问题。为了避免在冰面上滑倒，坡度必须设计得相对较缓。

制图：

坡度大多可以用各种 GIS 和 CAD 软件计算，绘制也相对容易。一般用不同的颜色来确定不同的坡度级别。绘制每一坡度级别范围，取决于场地的用途与背景，包括土壤特征、植被和场地需求。例如，为了避免新开发项目带来的重大环境和审美影响，政府当局和其他监管部门会阻止在非常陡的斜坡上（如坡度大于 25%）建设，又如坡度在 8% ~ 15% 或者 15% ~ 25% 时，需要特殊的设计和施工方法才能建设。相反，特别平缓场地上（如坡度小于 1%）的排水可能不良。每种不同的坡度都需要制图，因为在场地设计中必须考虑在内。

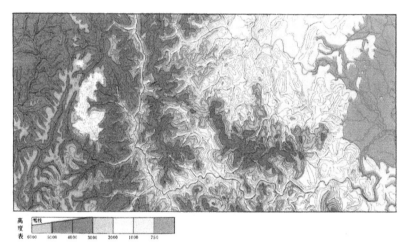

图 3-2　地形分层设色表示法

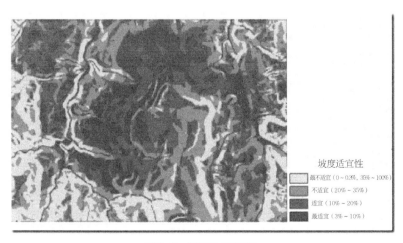

图 3-3　坡度设色表示法

图 3-4　日本江岛大桥

（3）坡向

斜坡的方向是指斜坡面对的方向,通过指北针或指南针能确定斜坡的朝向。坡度和坡向的变化,影响场地每天和每季接受的日照量。在北半球,朝北且坡度为 10% 的斜坡接受的光照量比相同坡度、朝南的斜坡要少。在冬天,太阳在地平线以上的最高点为锐角。当坡向朝北的斜坡暴露在日光的直射下时,每一单位表面接受的日照量少于南朝向的斜坡,这是因为斜表面距太阳远,到达北朝向斜坡的光是微弱或呈锐角的, 阳光以一种更分散的方式传递到坡表面单位上。

与场地其他自然特征一样,坡向的重要性体现在场地的用途上。例如,在北半球较高纬度地区,南向的斜坡更适合设计为活动区域,因为它能够吸收太阳热量。滑雪项目的设计必须考虑坡高、坡度和坡向。在冬天相对温暖的地方,北向的斜坡更适合设计成滑雪道,因为北向的斜坡能避免阳光直射,从而防止积雪融化。

制图:

坡向像坡度一样,可以用手工或者采用 GIS 软件进行制图。通常情况下,坡向可以分为八个方向:北、东北、东、东南、南、西南、西、西北,可用阴影或者不用颜色来表示。坡向通过影响场地接受的日照量来间接影响微气候。因此,在北半球北坡大多用冷色或者深色阴影来表示斜坡所接收的日照。

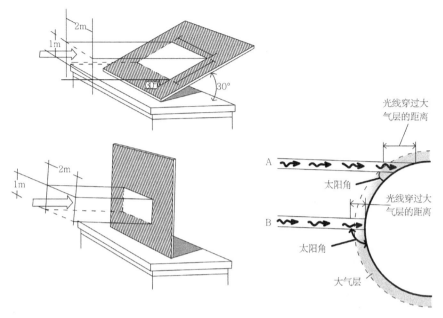

图 3-5　坡向对于坡面接受太阳辐射强度的影响

3. 地质

坡高和坡度是两个表达地形特征的例子。地形分类描述了重要的陆地、滨水区和水域的地形特征。例如蛇形丘、冰砾阜和冰碛是前冰河时期独特的标志性地貌。在场地调查和分析中，特别是在难以定量表述的特征汇总，如风景的视觉美、场所感、景观特征时，地形分类是很有用的。地形和植被一同界定了场地视域和可见度，并且能够创造视觉趣味。地形也能影响微气候、雨水径流和下渗及动植物分布。

地表地质状况涉及土壤结构、组成和地表下物质的稳定性。由于土壤不同的侵蚀速度，基岩的状况对地形有持续的影响。成土、土壤侵蚀和沉积、破岩和风化都是自然过程。

一个重要的地表地质特征是基岩深度。如果要打地基或者建造其他构筑物需要挖土，要测量地面到基岩的深度。如果挖土的过程中发现基岩很浅或者遇到冰川漂砾，就需要使用爆破或者其他方法来移除。挖一立方米的石头，要比挖同样体积的土所用的成本高很多倍。因此，这些难以处理的土地表层将显著地增加建造成本。

制图：

场地地质图显示岩石层和其他物质的年代和分布。这些地质特征影响场地中挖掘作业、坡度和废水处理、地下水供给、水景设计还有其他一些常见的土地开发目标。地质图也能显示出易受地震、滑坡和其他灾害的地区。

地质图通常包括地形、文化元素的信息，例如帮助地图使用者标定方向。颜色和字母符号代表地球表面或接近地球表面每一地质单元类型。一定数量的、有特定类型和年代范围的岩石可被看作一个地质单元，例如某一年代的砂岩会用同一颜色表示。

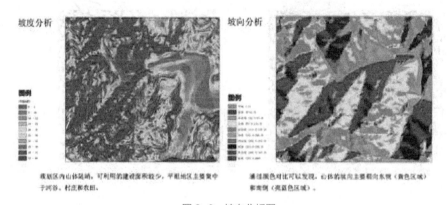

图 3-6 坡向分析图

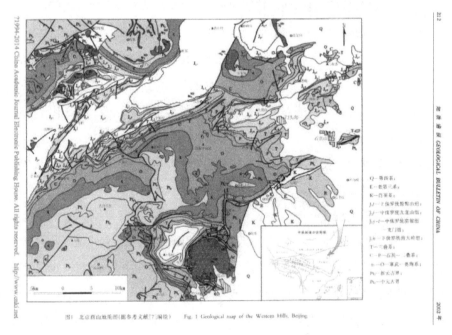

图 3-7 地质分析图

除了比较普遍的、可以从公共资源中获得的地图，场地设计还需要更详细的数据。如此，场地次表层的地质条件通常需要用地形测量仪器进行评估。从地表到基岩之间的地质数据通过使用机械驱动钻机钻孔来获得。获得的样本提供了场地土壤和表面地质信息。钻孔的大小和数量取决于场地现状和调查的目的。土壤类型和地质条件多样的场地需要深入的次表层调查。同样，场地需要建设大型建筑时，所需要调查的场地次表层面积和深入程度会比没有建设这种项目的场地大且深。这种调查往往需要岩土工程师的帮助。

4. 水文

环境中的水循环过程包括降水、地表径流、下渗、储藏和蒸发。毛细作用使地下水通过砂、砾石和岩石，还有基岩裂纹和断层中间多孔的空间流动。地表为水浸透的地区水位通常反映了表面的地形。抽地下水会对地下水位造成很大的影响。

地形的起伏变化创造了水系，水系又影响了河漫滩植被和分布。河漫滩植被与场地水系在干旱和半干旱地区景观中空间关系紧密，因为水常常是影响植物生长和分布的主要因素。尽管植被和水在非干旱气候地区的联系不那么明显，但是持续或者季节性水分浸透的土壤为湿地植物创造了适宜的环境。在岸边地带，含盐的地表和地下水导致盐沼和其他独特的湿地群落的出现。

如果城市的恶性发展没有减缓，则对当地和区域的水文环境会产生重大影响，这些影响包括：

（1）地表径流的流量和流速增加；

（2）径流到汇入地表水体需要的时间减少；

（3）发生洪水的频率和强度增加；

（4）在长时间的干旱期内，径流量减少。

土地开发通常包括建筑和不可渗透或几乎不可渗透路面的建造。任何场地的扰动都可能造成洪涝灾害、侵蚀和其他对下游造成危害的生态影响。基于此，雨洪管理是在土地开发过程中越来越需加强管控的部分。

土地利用的改变会对水质造成负面影响。例如侵蚀和沉淀、化学物质或微生物都会造成污染。和雨水相关的地表水的污染会对生态系统造成负面影响，并且降低河流、湖泊和其他水体的审美和娱乐价值。化粪池出水造成的地下水污染，也会限制一个地区是否适宜打井。

如果当地的地下水是社区饮用水的来源，必须确保场地的废水处理系统和雨水径流不会污染当地水井。

制图：

在场地自然特征调查中，水的流动、下渗、储藏和排放应该加以考虑。水文条件和评估需要对场地地表和次表层特点进行考察。场地地表条件的描述涉及地形、植被、地表水体分布、土地利用、气候、成土过程和沉积过程。水文地图也需要定位地下水流动路径和地下水补充地表水体的区域。水文学家或地质工程师评定含水层的渗透性、厚度和不连续性。描述次表层三维地质构造的特征涉及对地层学、岩石学，以及构造上、地形上的间断。

为乡村和城市边缘地带进行土地利用规划时，拥有反映地下水和当地地质条件的地图相当重要。详细的场地数据能帮助确定可能存在地下饮用水源的地方。地表排水有可能发生洪水灾害的地方也应该绘制出来。

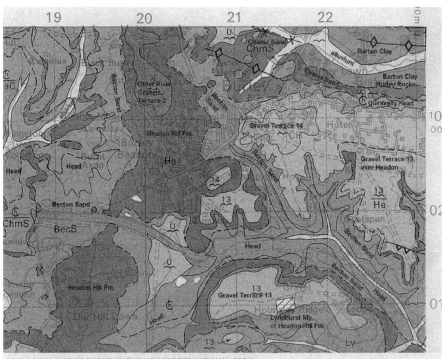

GEOLOGICAL MAP OF BURLEY IN THE NEW FOREST NATIONAL PARK.
Modified after a small part of British Geological Survey, Sheet 329, Bournemouth, Solid and Drift. To understand the area well, purchase the full map from the BGS Bookshop online. It is inexpensive. Notice that the area of Burley Rocks is on a scarp of Barton Sand (Chama Sand overlain by Becton Sand), with a covering slope of Head Gravel or gravelly head. Ian West (c) 2010.

图3-8　水文地质分析图（一）

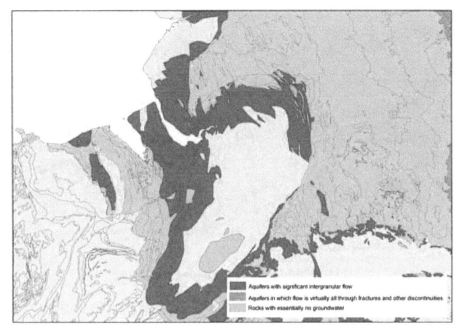

图 3-8 水文地质分析图（二）

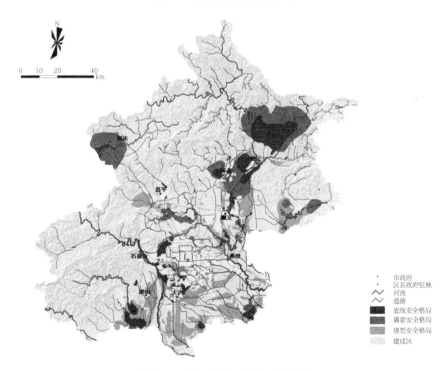

图 3-9 北京市综合水生态安全格局

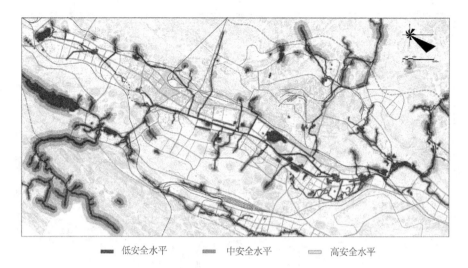

■ 低安全水平　　　■ 中安全水平　　　□ 高安全水平

图 3-10　六盘水城市海绵系统

5.土壤

自然、生物和文化因素影响着土壤的形态，气候、土壤母质和地貌位置是关键的自然因素。生物因素包括植被的生长、死亡和分解，以及微生物和其他生活在地上或土壤中的生物区系。土壤性质会受之前场地用途的影响。

依据场地位置和拟建设项目，场地调查需要考虑如下土壤特点：

（1）酸碱值（pH 值）；

（2）渗透性；

（3）侵蚀势；

（4）季节性高水位的深度；

（5）基岩的深度。

土壤在质地、肥力、渗透性和其他属性方面有很大的不同，会影响植物的生长发育。适于植物生长的土壤介质会减少植物病虫害的发生。当植被被移除或在场地清理和施工过程中遭受极大破坏时，经常会发生土壤侵蚀。农业活动或是其他侵蚀力造成表土流失，增加了施工后植被恢复的成本。

对于将要建设废水处理系统的场地中的土壤，必须对其渗透性和去除废水中的化学物质和病菌的能力进行评估。土壤中的细菌和其他微生物有自然净化作用。排水性良好的土壤，特别是砂和碎石含量高的土壤不适宜作为废水的处理场地。同样，不可渗透的土壤（如黏土层）也会限制场地废水处理。如果场地中有对人有害的废物，场地的修复成本会更高。先前有过工业或者商业活动历史的场地可能会受到多种有害物质的影响，因此，对场地次表层条件的调查是非常必要的。

制图：

农业土壤调查部门绘制的地图大多较为粗糙（比例尺过大），不适宜作详细场地设计使用。这些地图不能表现从地面到基岩、地下水位和其他关键点的详细变化。不同土壤类型对场地设计的适应性可以用阴影图来表示。

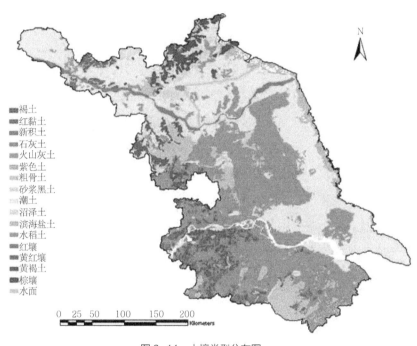

图 3-11 土壤类型分布图

6.气候

大气状况（降水、空气温度、太阳入射角、风向和风速）会影响场地规划和设计决策。大气特征在每年、每个季节、每天都会有所变化。季节性和每月气候数据可从国家气象局获得。当地气象记录能提供额外的有关每天天气情况的信息。总的来说，这些数据包括以下几种：

（1）温度（最高、最低和昼夜变化）；

（2）湿度（高、低和平均）；

（3）风（最高、平均风速、风向）；

（4）降水（月降水量和日最大降水量）；

（5）降雪（月降雪量和日最大降雪量）；

（6）日照量（月平均值）；

（7）可能发生的自然灾害。

植被可以从多方面改变微气候。例如，行道树遮挡住了原本会照射到铺装、屋顶和其他无机材料表面的阳光。这些表面，特别是颜色是黑色的情况下，吸收并且随之辐射比植被更多的热量。植物的叶子往往通过蒸腾作用降低自身温度。除了降低气温和调节湿度，植物的光合作用（增加大气中的氧气含量）能去除空气中的化学污染从而改善空气质量。一天中树的阴影的长度处于变化之中，这种变化取决于树的高度和其他垂直物体的高度。

阴影场地还归因于地球和太阳之间的距离的季节性变化。不同坡度和坡向的土地受到的日光照射量不同，因此也会影响地表温度。

微气候会在两个方面对建成环境产生重要影响：一方面是建筑供冷供热所消耗的能量，另一方面是人在户外空间的活动。但是，能量消耗和微气候都受到空间组织与建筑、构筑物和户外空间朝向的影响。主动或被动地利用太阳能的设计能够减少建筑供冷供热消耗的能量。通过调节照射到建筑物上和进入建筑里的阳光，通过调节建筑周围的风能获得更高的能效。在有持续强风的环境中，建筑形式必须作出大的改进。

如果有防风措施，冬季的风强会减弱，土地的不同用途加以布置可减少风对户外活动的负面影响。如果人体获得的热量和损耗热量达到平衡，那么人的感觉是舒适的。代谢能（体内产生）和辐射（由太阳和地面而来）是人体吸收热量的主要来源，人体的热量损耗主要是通过汗水的蒸发。在户外环境中，太阳辐射和风是小气候产生的主要因素，可以很容易地通过设计来改变。

户外空间的气温部分取决于是否充分暴露于阳光下。场地地表材料和植被也能影响气温。像砖、石这样的铺地材料都会吸收太阳辐射然后以热能形式向空间传递，因此铺装表面以上的气温迅速升高。当阳光照射到衣服或者皮肤上，人体得到热量。热指数是"表观温度"的估算——一种由于气温和相对湿度之间的互相作用使人体感受到的温度。

在一项环境与人体行为之间关系的经典研究中，威廉·H·怀特用慢速摄影记录纽约西格拉姆广场（Seagram Plaza）中人的方位。在一个相对凉爽的春日，广场中的人在阳光下坐着或站着。当阴影扫过广场时，人们来来往往，但是广场的大部分人在每次摄影中都沐浴在阳光中。实际上，广场使用者和广场中的阳光同时移动。

制图：

短距离和短时间的变化可能使微气候有极大的改变。太阳辐射图在 GIS 软件中，叠加、组合三个属性层：坡度、坡向和植被（主要是落叶和常绿树种）。坡度、坡向和树木覆盖有很多种可能的组合，所以叠加而成的地图很复杂。例如，一类地图分级表示所有小于 10% 的南向坡和没有树木覆盖的场地，而另一类场地会表示大于 10% 的北向坡和常绿树木覆盖。北半球场地在冬季的数月中会接受到完全不同程度的太阳辐射。

图 3-12　纽约西格拉姆广场（Seagram Plaza）

场地太阳辐射的复杂性取决于每一输入图层的分类数量。如果这三类图层有很多分类，各种组合的数量就相对较多。例如，坡度图有 3 个分类（0~10%，10%~20% 和大于 20%）；坡向有 8 个分类；树木覆盖图有 4 个分类（没有树木覆盖、落叶树林、常绿树林、落叶常绿混合林）。如果这些图层组合起来，最后的坡度、坡向和树木覆盖的组合会有 96 种分类（3 类乘以 8 类再乘以 4 类）。但是在 GIS 内这些地图分类或重编码后会产生数量很小的分类，能更清楚说明微气候情况。一种可能性是把坡度、坡向和树木覆盖组合成下面四类中的一种：

（1）非常温暖的地区；

（2）温暖地区；

（3）凉爽地区；

（4）非常凉爽的地区。

这种重编码会考虑场地暴露在太阳辐射中和季风的情况。这两种因素取决于地区气候（例如，炎热干燥或者温暖湿润），也取决于场地地形和植被格局。夏季盛行风和冬季风通常在场地调查图上用箭头表示出来。由于风向和风速有很大的差异，所以绘制风玫瑰图来表示。这些图示显示某一具体地点风向、风速和持续时间的频率分布。光照时间是另一重要因素，特别是在城市里，建筑与场地相邻或者建筑在场地中，应对阴影图进行评估。随着在地平线上太阳季节性的变化，场地上会表现出太阳、阴影和风的不同组合。当开发项目包括户外活动有坐、吃和其他活动时，那么阴影图就应该进行评估。因为每天地平线以上的太阳从日出到日落位置，这些阴影图通常是在一天或一年中的多个时间而制成的。当拟建设的户外空间最有可能被人占据时，这些图与一天或一年的多个时间一致。例如，在一天中的下列四个时间适合制作阴影图：

（1）上午（上午十时）；

（2）中午（中午十二点）；

（3）下午（下午两点）；

（4）傍晚（下午四点）。

一天中日照时数和阴影的差异大部分取决于场地的纬度。在较高纬度，特别是常年气温较低的地方，微气候强烈地影响户外空间的使用。通常绘制一年中以下时间的阴影图：

（1）仲夏日（夏至）；

（2）仲冬日（冬至）；

（3）昼夜平分点（春分或秋分）。

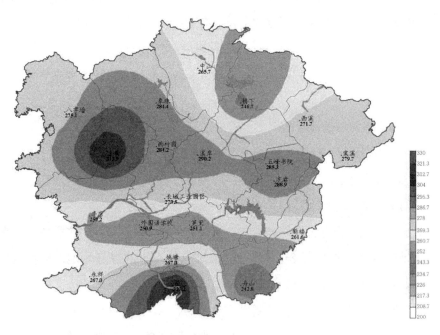

图 3-13　某城市降雨量分布图

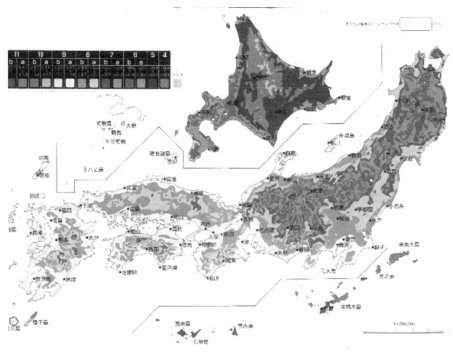

图 3-14　气温分布图

7. 自然灾害

自然灾害包括大气的、水文的、地质的和野火造成的灾害，由于发生的地点、严重性和频率不同，将对人类各项活动产生不利影响。这些自然现象对人和财产安全造成危害，因此最为实用的解决方法就是避免在最危险的地方开发项目。

随着人们对全球变暖问题的更广阔的认识，自然灾害对环境、经济和人类的影响逐渐成为公共政策需要考虑的问题。

8. 小结

场地自然属性的调查由项目规划和场地自身特点驱动。场地自然属性对如何开发场地有着广泛的影响。调查过程中可能需要的数据资料包括航片图和各种不同的参考地图。但是在一年中的不同时间观察场地应对场地条件，特别是水系、风向和微气候有全面的理解。

场地设计中需考虑的物理因素 表 3-2

类别	属性	对场地设计的意义
水文	到地下水位的距离	是否适宜建筑基础的挖掘
		是否适宜场地污水的处理
	水系格局	洪水灾害
		雨水管理
		地下水补给
地质	到基岩的距离	是否适宜建筑基础的挖掘
		是否适宜场地污水的处理
	断层	地震灾害
		滑坡灾害
土壤	pH 值	植物选择和生长
	孔隙度	是否适宜场地污水的处理
	结构和质地	是否易被侵蚀
地形	坡度	交通是否安全
		建筑设计和施工难度
		雨水管理
	坡向	微气候
		是否适宜设计太阳能
	高程	可视性和视觉质量
气候	风向	户外活动场地选择
		防风场地
	接受日光辐射	建筑设计和安置
		进行户外活动场地选择

3.1.2 生物属性

1. 生态群落

生态群落是生活在同一地域相互作用的生物的集合。气候、土壤、地形和自然干扰以及机体自身之间复杂的相互作用对生物群落的组成和空间分布产生影响。生物群落常以优势植物物种命名，优势植物物种在体型大小和数量方面占优势。群落交错区是群落间交界的空间，在生物学上是非常重要的区域。生物可能会在一个群落交错区找到庇护所，而在另一群落交错区获得更丰富的食物。

（1）栖息地破碎化

诸如农业、林业和城市发展等人类活动已经显著地改变了高度文明区域的景观结构和生态功能。土地利用的不断变化会破坏很多生物栖息地，使其破碎化、功能上与其他栖息地相隔离。生态廊道和栖息地的破碎化成为全球性的环境问题。

景观廊道使生物易于在栖息地之间运动。因此，在大部分景观中现存的廊道是非常重要的，需要加以保护以保持生物多样性和生态系统的连通性。识别这些廊道中的缺口相当重要，因为这些是进行生态修复的对象。

大型的、相邻的自然地，特别是滨水廊道，在城市发展中应该放在优先保护的位置。但是，把自然地只列为禁止开发不足以保证持续的生物多样性。例如，由于相邻的土地开发造成的阻碍，林地中小的、孤立的斑块不能保留住乡土动物。很多动物在不同的生命周期阶段需要更多的栖息地类型，如在繁殖阶段和迁徙阶段，连寻找水和食物的日常活动也被栖息地周围的环境所阻碍。

制图：

从空中拍摄的拥有大比例尺（如1∶1200）的航片能便捷地制作更详细的土地覆盖图。例如在识别植被健康和活力差异的时候，可以利用彩色红外线照片。关于群落中乡土物种和本地物种的组成，以及这些物种的数量和健康情况的详细信息，通常要通过到场来确认。阴影图能显示出重要的场地植被的位置。

（2）外来物种

几千年来，植物和动物一直在适应着由人类活动影响、改变的栖息地，很多外来物种已经自然化了。全球性的贸易、移民和安置定居已引入了非乡土或称外来种的物种到新的环境中。这些外来物种有时具有侵害性，比如大型动物群和大型植物群。

由船、车和飞机运载的大大小小的生物已引入新的生态环境当中，当新的环境对这些物种的发育和繁殖限制较小时，外来物种的"殖民"过程就相当成功了。通常情况下，这些竞争限制了每一种群在栖息地的种群规模。一种竞争限制是捕食，一种可能带有侵害性的物种在本地会因放牧（植物）和捕食（动物）数量得到控制。其他物种可能会争夺同一资源而产生竞争，比如食物和空间。

很多外来物种是人有意地引入（实际上是有意的传播）新生境的。保护乡土物种和动物栖息地，除了生物多样性固有的惠益外，也有文化服务的功能，为自然科学教育提供审美教育服务和户外的"实验室"。

制图：

在重要自然地的场地上，需要关注有侵害性的外来物种的分布图。这些数据可以用来培育目标植物，消灭有侵害性的外来物种，并且修复退化的乡土群落。依据土地利用项目和场地环境情况，恢复湿地、草原和林地。场地土壤图、水文图和植被图能够帮助人们为修复活动找到最适合的位置。

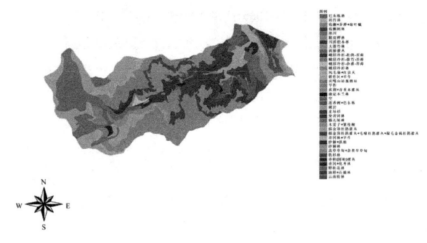

图 3-15 植被类型分布图

（3）湿地

基于植物和土壤条件，湿地可分为三类：

①有水生植物和湿土壤；

②具有水生植物但没有土壤；

③没有水生植物也没有土壤，而之前受过洪水灾害。

湿地有很多直接有益于人类的重要功能。比如，海岸边上的湿地是水生有壳动物和其他商业观赏鱼的养殖地。其他一些物种，如候鸟的生命周期中的很多阶段在这些栖息地度过。湿地可作为蓄滞雨水径流的区域，也是地面径流和地下水交流的界面。

一些地方为保护候鸟修复湿地和筑堤，但是人工湿地通常不具备当地自然湿地的生物多样性。另外需要关注的是新建湿地和被破坏湿地的位置。除非这些新建湿地是在被破坏湿地附近，否则湿地堤会改变当地的水域，甚至引发洪水。

　　制图：

　　暂时性存在的湿地是指每年短时间内土壤被水浸透到饱和的场地。这些湿地是某些候鸟重要的栖息地。场地需要进行评估、识别并对所有重要的湿地场地制图。

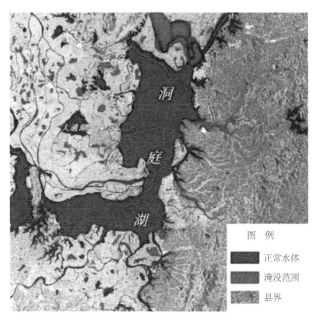

图 3-16　城市湿地公园系统

2. 树木

　　场地中的树木有多种生态、经济和社会效益。树木提供树荫并且能降低周围建筑制热和制冷的成本。评估树木经济价值包括如下四个因素：

　　（1）树木的大小；

　　（2）树种（耐旱、适应性好的树种价值最大）；

　　（3）树木的健康状况（如根系、树干、树枝和树叶）；

　　（4）树木的位置（功能和审美价值）。

　　树木具有多种功能，例如，能防风、提供树荫、屏蔽不良的景色。树木还具有重要的美学价值，它们会提供一个视觉焦点或者视觉景象，或者为室外活动提供一个封闭空间。因此，从经济的角度来看，孤植树的价值要大于群植中的一棵树的价值。

在建造建筑、设施和其他构筑物的过程中，需要保护场地中现存树木。常见的情况是建设过程中可能会导致树木直接死亡或者慢性死亡。典型的建设过程产生的负面影响包括根系层土壤固结、挂掉树干和树枝的树皮、根系层坡度变化（由挖土或填埋造成）。因此，建设过程中产生的干扰至少不应在树冠的滴水线内。

制图：

可持续的或是"绿色"的土地开发过程尊重自然环境，确保诸如树木得到保护应被纳入场地设计中。树木调查通常要记录场地中重要树种的尺寸、种类和位置，树木尺寸通过测量树干胸径获得。全球定位系统（GPS）提供了对群落和单个树种制图的另一方法。植物学家和其他人士在场地中步行，使用手持式 GPS 能识别当地的植物区系并能记录每一主要植物群落的边界。拍摄场地彩色高空影像能帮助指导分析并且使得数字影像制图更有效率。

3. 野生生物

大部分野生生物种群原本是非连续的，即整个种群包括数个子种群，称为复合种群。例如，分散的树木覆盖的斑块可能是某些鸟类、哺乳动物和其他动物的栖息地。小范围复合种群的消失是生态系统动态的自然组成部分。这是一个自然过程，包括生境消失、迁徙、栖息和繁殖。然而，这个过程至关重要，如果栖息地遭到破坏而退化或是栖息地之间有阻碍不可达，那么物种的地理视距将永久性减少。

在建成环境内保存野生生物栖息地有多种好处，例如，很多鸟类能消灭昆虫——特别是对人类有害的昆虫。鸟类同样有重要的美学价值，它们满足了观鸟爱好者和普通观鸟人士的需求。越来越多的鸟类濒临灭绝或是面临灭绝的威胁，保护鸟类最有效的方法是保护好它们的栖息地。

制图：

绘制濒危和面临威胁物种的空间分布图通常反映了在这些地方有可能出现的动物栖息地和物种个体。场地层面野生生物分布的数据通常由致力于此的生物学家现场研究获得。

为一个场地的关键生物因素制图是场地调查中重要的组成部分。在设计实施后，确定这些资源有助于保护生态完整性。选取哪些场地要素来绘图和评价，如自然和文化因素，取决于未来场地的用途。

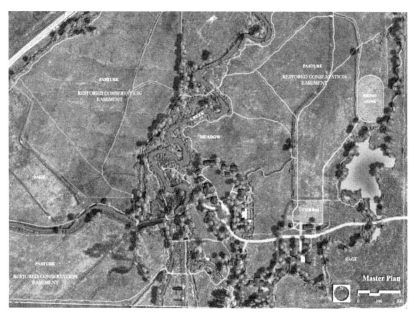

图 3-17 植被场地分布图

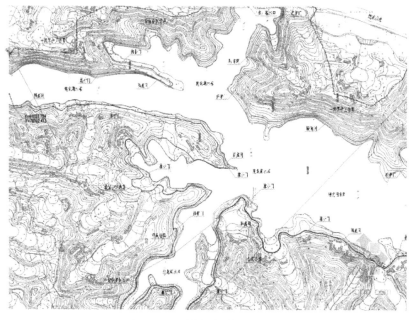

图 3-18 动物栖息地场地分布图

3.1.3 人文属性

所有土地用途的变化发生在文化背景之下。文化背景包括历史属性、法律属性、美学属性和其他与土地、景观相关联的社会属性。创造或者维护"场所感"取决于对场地的理解和做出的反应。例如，采用本地区或社区常见的形式和材料可加强场所感。场地特征和环境由场地的自然、生物和文化属性决定，恰当的场地开发能适应场地特点和独特环境。

相关的文化属性调查通常要处理各种社会、经济和法律因素。建成环境包括一系列不同的建筑、街道和其他构筑物，构筑物包括逐渐形成的不同年代和起源的物质空间和管辖界限。不论是历史的、美学的、法律的或是能感知的文化因素，既可能是场地开发的机会也有可能是局限。

1. 建筑和邻里建筑风格

凯文·林奇的《城市意象》提出了用类型学来解释人们如何形成建成环境的认知地图或思维图像：

（1）边缘（如海岸线、道路、灌木篱墙）；

（2）路径（如道路和人行道）；

（3）区域（如邻里区域）；

（4）节点（如入口、广场、道路和人行道的交叉点）；

（5）地标（如特别的建筑物、构筑物和自然风貌）。

如果想使新开发项目对区域的特色作出积极贡献，那么必须对场地的环境要素有所了解。这些环境因素包括附近建筑物的使用、设计和布局。例如，从类型学的角度来记录商业区内的类型，可以分析以下建筑属性：

（1）高度；

（2）宽度；

（3）退红线；

（4）开窗比例；

（5）建筑横向韵律；

（6）屋顶形式；

（7）材料；

（8）颜色；

（9）人行道铺装；

（10）标志。

这些建筑属性通常用照片、带注释的街道立面、剖面和地图来记录。

邻里建筑风格同样受以下因素的影响：街道和人行道组织，土地的混合使用，户外开放空间的尺度、方位和设计。乡土和驯化的植被也有助于形成场地的认同感。提德（TEED）在 2002 年分析了从乡村到城市的六种邻里模式——包括当地的建筑材料和建筑风格，用来记录并指导环境敏感场地的场地规划和设计。这些"模式"使新的开发和再开发项目能加强本地特色和地方感。

公园和公共开放空间是社区整体的构成要素，应该在场地调查阶段加以考虑。特别是公共开放空间系统中的某部分不仅提供视觉享受和户外休闲机会，还为雨水处理提供了重要场所，这些开放空间就有重要的生态功能，因此，需要细致的场地规划设计，提升或者至少保护这些场地的当前状态。

制图：

图—底关系图对在视觉上评估场地附近的纹理和肌理是一个有效的方法，这是表示场地内外建筑类型的图解方法，它包括两重元素，即建筑占有空间和建筑间的空间。实与虚的模式显示了场地周围建成环境的肌理、开放感或围合感。

纽约　　　　　　　洛杉矶　　　　　　芝加哥

图 3-19　场地肌理分析图（一）

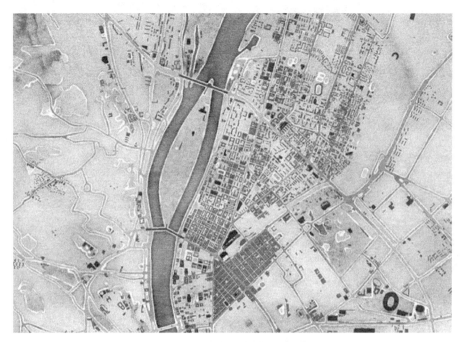

图 3-19 场地肌理分析图（二）

2. 文化资源

美国国家公园管理局认为，"文化资源是文化体系过去和现在的有形和无形资源，它可被某种文化评价或代表某种文化，或者包含某一文化信息。"

文化资源评价记录了建筑和其他人为要素和先前的土地利用的位置、质量和历史意义。文化资源包括过去年代的桥梁、建筑、城垣、标志和其他重要的构筑物和要素。建筑和街区历史意义的标准包括建筑年代、质量、稀有程度和代表性。

文化资源也包括历史遗址，比如战场、公园和考古场地。

制图：

在文化资源的详细目录中历史区域应该被包括在内以表示该地区的文化环境。历史街区由当代规划部门作为区划的"覆盖区"，应用特殊的当代土地利用控制绘制完成。街区内的建筑资源也应绘制。

3. 感官知觉

在 D·W·梅宁（D.W.Meinig, 1979）一篇经典的有关景观感知的文章中，指出十种影响人们对土地和景观感知的要素，包括：知识、经验和价值观。

图 3-20 南京夫子庙历史街区分布图

马斯洛的需求层次理论认为，基本需求必须在更高级别的需求满足前得到满足。人身安全和安保是需求层次中最基本的部分。但是，年龄、性别和其他人口属性差别，导致人类对场地安全和安保的感知也不同。

看、闻、尝、触和听的能力使我们获得大量的环境信息。人类对土地的享受和不适主要涉及三种感觉——听、看、闻。对于多数人来说对于场地的感知主要通过视觉形成。视觉资源的评价主要关注可见度和视觉质量，但是，音质和空气质量对场地规划和设计也十分重要。每种属性的重要性取决于场地与其环境，以及场地拟定的用途。

景观含义的十种感知　　　　　　　　　表 3-3

景观	相关联的概念
自然	基本的
	持久的
栖息地	适应
	资源
人造品	平台
	实用的
系统	动态的
难题	平衡
	缺陷
	挑战
福利	财产
意识形态	机遇
	价值
	观念
历史	年表
	传统
场所	位置
	体验
审美对象	风景
	美

（1）可见性

场地环境在场地的规划设计过程中举足轻重。相邻的土地利用，以不同的方式影响场地开发和再开发的适宜性。例如，一个商业项目可受益于邻近街道、公路和其他场地外的位置对场地的可见性。

场地视距与场地未来的用途相关，与场地的外观效果相关。视域内的识别性，或从场地上具体位置的可见性，可以在 GIS 中进行分析。当树木和高灌木遮挡视线时，单从地形数据中分析识别视域就会变得更复杂。

植被对场地可视性产生季节性影响。在温带，如果是落叶植被，可视性也随季节变化。在一年中树木繁茂的季节，落叶树木和灌木会形成一个有效的屏障，但是在冬季，叶子掉光了的树木几乎没有屏障作用。

制图：

"视域分析图"表示从一个视点可看到的位置。"被看频率图"则是从两个或多个视点的位置看某个位置的可见性。运用 GIS 可以得到由一系列单视点图叠加而成的视域。

在有些项目中，场地外特色景观的可视性可能与场地中的同样重要。例如，一块森林茂盛但相对平坦的场地，限制了场地内外的视线。相反，视域远大且没有遮挡的景观——像在山地或在开阔的平原上——场地的可见距离非常远。在场地尺度上，可视性评价会记录多个优势点的视觉情况。

（2）视觉质量

视觉质量在土地规划决策中有重要地位。客观主义者的方法假设视觉质量（或缺乏）是景观的内在属性，而主观主义者的方法是假设视觉质量只存在于观看者的眼中。

客观评价的方法依靠景观美学方面的专家。专家作出的评价关注场地的风景质量，或可见的元素，包含形式、比例、轮廓、颜色和质地。主观评价方法避开设计和美学方面专家作出的评价，取而代之的是依靠代表性的，通常是随机挑选的一群人，提供对风景质量的评价。通常情况下，是提供相片让评价参与者去分辨特别喜欢或特别不喜欢的风景图片。

场地自身的视觉质量以及场地外的可见特征对商业、居住和休闲娱乐项目的成功与否特别重要，场地中和场地外不美观的特色也相当重要。垃圾填埋场、高架电线和工业场地，对于多数人来说是降低景观视觉质量的重要元素。

视线所及的重要历史建筑、引人注目的山或其他地标都是重要的场地属性，其传递了清晰的地方感。垂直元素，例如建筑、树木和地形对视觉质量有重要影响。从地方到国家层面的政府，保护风景资源是一个常见的公共政策目标。不论风景资源在审美上是正面还是负面的，视线和风景在环境敏感的场地设计中都是需要考虑的内容。

制图：

视觉质量通常是一个地方的生物物理和文化特殊性的关键要素。独特的生物物理特征包括外露岩石、水休、森林地带和孤立的风景林。独特的文化特征包括历史和当代的元素，这些建成和自然因素的数量和布置直接影响风景质量。

自然和乡土景观评价的风景质量评分标准 表 3-4

标准	期望属性
地形	险峻、巨大的、有刻纹装饰或特殊地形
植被	不同的植被型、形、纹理；具有纹理的树（例如多瘤节的树）
水	清澈，主要元素
颜色	多样、对比与和谐
稀有性	区域内的独特和奇异性
文化元素	为视觉质量与和谐感增添有利因素

地区性的视觉质量图可分成以下四种质量等级：

①非常独特；

②独特；

③常见；

④普通。

用视觉质量图表示的制图单元应符合景观中的空间和景观元素的规模。因此，制图单元在大小和形状上可能不一致。

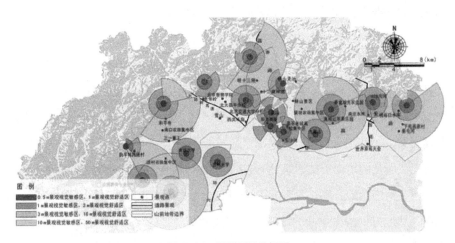

图 3-21　视觉质量分析图

（3）噪声与气味

一个场地的感知质量不仅受人们所能看到的东西影响，而且还受所听所闻的影响。户外环境中有无噪声对户外环境的感知质量和休闲体验有重要影响。

根据噪声的强度（感受到的音量）和频率（感受到的音调），噪声轻度和暴露的持续性可能对人内耳造成危害，甚至感觉起来是"舒服"的响声都可能是有危害性的。场地周围有大工业区或者动物饲养基地，其产生的气味会对场地产生影响。当场地在这些有气味产生的地方进行规划和设计时，盛行风向是需要特别考虑的重要因素。

3.2 场地分析

场地分析，不仅是对现状进行描绘，为创建可持续发展的建成环境，分析过程至关重要。场地调查可以提供与场地相关的物理、生物及人文数据。场地分析就是场地诊断过程。对于特定的景观项目，通过场地分析，可以找出场地优势和限制因素。

由于本身在地形地质方面所固有的一些限制条件，场地的某些地段可能不适合于进行开发建设，具有这种内在限制因素的场地，常见的有：陡坡、浅基岩、水体和湿地。场地的其他部分或许适合开发，但可能相对来说可达性差，场地进出困难，或存在某些干扰性因素的影响。在场地分析阶段，发现找出相关的限制因素，便于及时对项目进行修订。

<table>
<tr><td colspan="2" align="center">场地限制条件类型</td><td align="right">表 3-5</td></tr>
<tr><td align="center">限制条件</td><td colspan="2" align="center">举例</td></tr>
<tr><td align="center">生态基础设施</td><td colspan="2" align="center">含水层补给区，湿地，地表水，关键的野生生物栖息地</td></tr>
<tr><td align="center">健康及安全灾害区</td><td colspan="2" align="center">漫滩，地震断裂带，易山崩地带</td></tr>
<tr><td align="center">自然演变的障碍区</td><td colspan="2" align="center">陡峭的边坡，高度易侵蚀土壤，浅基岩</td></tr>
<tr><td align="center">自然资源</td><td colspan="2" align="center">基本农田，砂和砾石沉积层，标本树种，风景胜地</td></tr>
<tr><td align="center">历史资源</td><td colspan="2" align="center">历史建筑，考古遗址</td></tr>
<tr><td align="center">法律限制</td><td colspan="2" align="center">法律法规</td></tr>
<tr><td align="center">其他</td><td colspan="2" align="center">噪声，气味，糟糕的景色</td></tr>
</table>

3.2.1 可持续发展

1987 年世界环境与发展委员会和 1997 年比特力（Beatley）、曼宁（Manning）提出可持续发展，指既满足当代人的需求，又不损害后代人满足其需求的能力。因此，可持续发展就是保护每块土地的生态完整性和文化延续性。

土地开发有时会形成大量的场外因素。好的场地设计能够使场外因素最小化，同时减少环境退化。要从环境效益和经济效益考虑，避免开发建设特殊区域，重点保护环境和文化资源。

可持续发展有利于当地政府节省开支。尊重场地自身条件，还有利于在自然灾害中保护公共健康、安全和公众利益。

3.2.2 适宜性分析

1969 年，《设计结合自然》作者麦克哈格（McHarg）主张将土地使用规划称为"环境决策"——即通过生物物理环境来决策土地的分配使用。麦克哈格在书中提出地图叠加和适宜性分析，引起土地规划者和环境科学家们的广泛关注。他在该领域开创性的贡献，促使地理信息系统硬件和软件也得以提高和改善。

1991 年斯坦尼尔（Steiner）在自己的书中定义适宜性分析，即分析场地与用途是否相适宜的过程。因此，适宜性分析要求空间明确、程序合理。场地与用途相适应，是指以最小的投入和最少的资源可以达到相应的发展规划。

适宜性分析包括以下三方面：

（1）确定每个场地的适宜性标准；

（2）调研、罗列土地属性的相关数据；

（3）通过属性值来定位场地，通过场地用途来确定适宜性标准。

针对大面积场地，特别是建筑面积占小部分时，土地适宜性分析将成为场地分析的重要一步。适宜性分析一般用来分析场地道路和建筑物。但是，在乡村区域，适宜性分析还将包括污水处理能力和农田用途分析。

在场地适宜性分析中，属性选择、数据来源和适宜性标准尤其重要，要考虑以下几方面：

（1）资料规范性（如所用数据是公共机构制定的）；

（2）数据相关性（如所用数据是现行通用的，并且与拟定用途的土地适宜性标准相关）；

（3）数据可靠性（如地理位置及属性分类数据准确）；

（4）数据可用性（如数据应在要求范围内或可承受范围内）。

适宜性分析包括多个功能区的属性分析。在地里信息系统中，每块功能区都应生成一份适宜性分析图。也可将多个分析图结合在一张图上，概括土地用途。

1. 单一属性分析

地理信息系统数据库不只包括场地图纸，还包括相关属性数据。属性分析有很多目标，最主要的目标是寻找符合条件的位置。这些条件决定了规划项目中哪些位置适合，哪些位置不适合。例如，通过属性分析可以判断场地面积。

（1）大于规定的最小值（如海拔至少高于海平面1米）；

（2）小于规定的最大值（如倾斜度小于20%）；

（3）在指定范围以内（如倾斜度在西南、南部或东南方向）。

空间缓冲区：

空间缓冲区，也称为趋近性分析，是判断规定距离内或者符合其他参考要求的场地。1997年克里斯曼（Chrisman）区分了缓冲区和隔离区的差异，它们最明显的区别就是新区域被创建的方向——建在外部还是内部。在缓冲区内缓冲距离与面积更容易被调整校正：

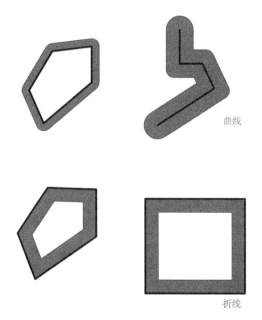

图3-22　空间缓冲区（向外或向内）

（1）开发建设要保护的自然资源（如水源地、湿地、法律保护物种的栖息地）；

（2）开发建设要保护的文化资源（如历史建筑物）；

（3）避免造成人类生活和财产的损失。

缓冲区分析判断地块属性的条件与价值，例如植被类型、边坡坡度。属性值存在与缺失的标示，也反映了项目说明和工程目标。缓冲区开发可以划定保护区和恢复区，如河岸河道、湿地及绿地生态保护区。缓冲区包括河流内的所有区域。植被繁茂的河岸缓冲区，可以通过过滤地表流失的雨水来控制侵蚀、沉淀及化学污染对水体的破坏。缓冲区还有保护陆生植物及水源栖息地等作用。

2. 多重属性分析

地理信息系统是一个复杂的空间分析系统，小区域的分析也可能会对场地设计产生很大的作用。场地适宜性分析通常由两层或更多的属性层叠加而成。对于多重属性分析来说，交集和并集是两项最普遍、最有用的代数函数。

（1）并集

并集是指两个数集相并联得到第三个数集，得到的数集包含之前数集的每个数字，例如：

$\{1, 3\} \cup \{2, 3\}=\{1, 2, 3\}$

在地理信息系统中，并集函数用来统计地块内所有的属性。例如，在基础工程建设中涉及挖掘和施工等，需要划定满足条件的所有地块，以及阻碍挖掘和施工的所有因素，如水表深浅度、基岩深浅度。在叠加层分析中也要使用并集函数来确定符合一个或全部条件的所有区域。

（2）交集

交集是指两个数集相交集得到第三个数集，得到的数集包含之前两个数集中共有的数字，例如：

$\{1, 3\} \cap \{2, 3\}=\{3\}$

交集函数是叠加层分析的另一个基础概念，确定同时满足两个或多个属性条件的场地。例如，划定一个边坡坡度小于 8% 且地表条件适合基础建筑挖掘的场地。

尽管在空间分析上计算机的作用很大，但如果这些数据处理不恰当，也会得到无效的结论。例如，在加权数在属性比较重，经常优先考虑。使用加权数的关键在于加权数可以凭经验进行调整。这在应用研究领域非常重要。

另一方面，是将不相关的物理、生物、人文属性进行比较。即使在数据上可以对每个属性进行比较，并得到一个代数和，但这个价值也会存在一定问题。

例如，在评定一个规划是否适应特殊地块时，设计师会将视觉质量、边坡坡度和土壤流失量等作为重要的变量来考虑。但怎样将每个变量进行比较权衡？假如设置视觉质量占15%，土壤流失量占25%，边坡占60%，这些选择将会明显影响分析的结果。

当空间信息科学变得越来越普遍时，数据准确性又成了人们关注的另一个问题。数据集合应该做到怎样的精确？这个问题的答案应该基于数据的用途。地界图一定需要非常的精确（如精确度要达到几厘米）。其他区域属性分析，如土壤、植被类型，可以降低精确性，保证精准度在几米以内即可。

3.2.3 集成与整合

1.场地限制条件

（1）特殊地形

在场地选择中，地形是需要考虑的一个重要限制因素。地形限制将影响建设项目的社会环境因素，场地功能，建设可行性，建造、维修及费用等。

相对来说，条件不好的场地，在建设的前中后期要投入更多的时间和财力。例如，坡地会限制大多数的开发建设，坡地上的基础建造更复杂，因此建造花费更大。排水紧缺、地表材质不稳定的地区，需要额外的设计和建造以确保结构的完整性。土壤侵蚀区、地下水污染区、野生生物栖息地退化区等开发能力较脆弱的场地，建设过程更复杂。

城市环境中，微气候会在较短距离内发生戏剧性的变化。建筑可以创造一个能避开大风的室外环境。在冷气候区域，平缓气流（特别是刚通过太阳直射区的）将带来更多的温暖气候。树荫遮蔽的地区，在温暖气候区域会创造有价值的室外空间。

城市中还存在不太令人舒服的微气候，高大建筑及建筑群会引导风向，引起风向的转变，从而产生嘈杂区域和所谓的"风隧道"。室外环境中，缺少阳光照射的区域会比阳光充足的区域更冷。场地及周边环境中树荫地段会随着时间和季节的变化而变化，这在场地设计中要格外注意。在场地分析过程中，要特别注意阳光的利用和阴影表的绘制。

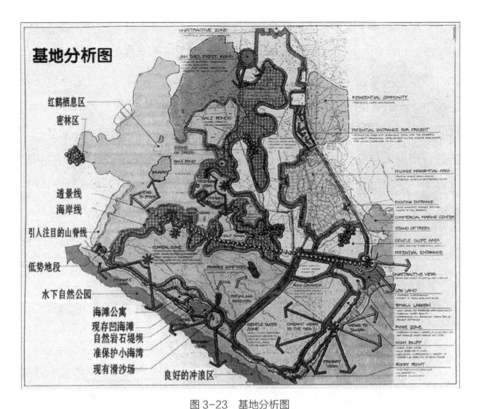

图 3-23　基地分析图
摘自《Drawing and Designing with Confidence》Mike W.Lin, ASLA

（2）自然灾害区

无视或者不计潜在危害性将带来惨重甚至毁灭性的灾难，自然灾害常常与天气相关。

暴风经常形成于水体表面，所以对海岸地区产生的危害最大。暴风会带来长时间的暴风雨，持久的强降雨使土壤饱和，产生洪涝灾害。

暴雨结合狂风，会使海平面平均高出几米。在低海拔地区，开发建设将会非常脆弱。

现存的建筑、道路还有其他的硬质表面，大大降低了地表的蓄水能力。由于土地正常蓄水能力的大幅度降低，在建筑群、铺地及其他不渗水地区，洪灾更容易发生。

（3）法律和人文约束

城市和其他建造区是很复杂的环境体，在这些区域，场地分析不能只分析地形，还需要更多的信息以保证在视觉和功能上与周边环境相融合。例如，城市结构是一个很重要的概念，但在地表上表现的不明显。在场地分析时，要考虑城市结构的秩序和模式：城市内部环境、空间质量模式、城市单元之间的联系等，并用图表来评定。

环境评定还包括：邻里社区空间，以及与该空间相结合的行为、价值属性。建设费用与时间空间有很大的关联。

场地分析的内容较多，例如针对场所及周边人流量来确定入口，涉及以下几方面：

①缺少相连的过道（交通路线未完成）；

②交通能力不足（拥塞）；

③车辆、自行车、人流之间的冲突（安全隐患）；

④缺少座位及其他场地设施（基础设施）。

同样，分析既应包括优势条件，也应包括存在的问题及劣势。综合改造与重新使用的项目，需要考虑如下问题：

①大面积不连贯的建筑外表面；

②单调的外表材料（如混凝土、混凝土块）；

③未损坏的屋脊线（建筑总长度）；

④维护建筑的缺失。

另外，城市街道分析也包括许多要改正的问题，这些问题如下：

①缺少空间界定；

②劣质材料（如铺装、座位）；

③缺乏维护（如路边、走道、花圃）；

④缺乏统一设计（如材料、形式、比例）；

⑤灯光不足或过强；

⑥座位不足，其他供应不足（如标志、垃圾箱）。

2.场地优势

即使某一个限制因素足以影响开发建设，场地分析也不能只关注限制条件。场地本身也有一些优势：如社会、经济、生态及美学价值等。可能是标志性古树，有自然特色的水体、地形、标志性建筑和其他人文特征的景观。

如果通过规划，保留场地完整的有形资产，将保证场地场所感，增加未来使用者的生活质量。场地优势元素还包括独特的地表和重要的历史文化构筑物。保护、增加文化设施的投入，将提高项目价值，使人们更愿意使用。

场地优势分析有一个或多个目标，分析是否需要环境保护及恢复形成一个自然区域。总的来说，适宜性设计就是利用场地的自然和文化属性，创造独特的空间。

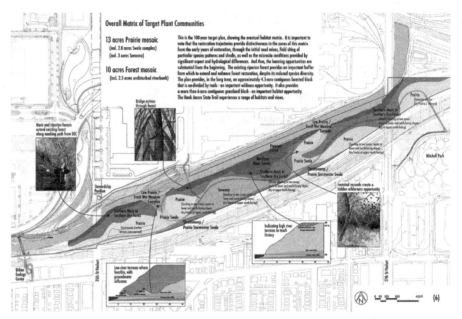

图 3-24　场地分析图

（1）场所感

场所感源于场地大小、体块和场地内的建筑，建造精妙的老建筑往往是一个地区重要的文化组成部分。从根本上讲，场所感还受当地地形、植被和场内有形、无形资产的影响。如果一个新的规划没有考虑当地及周边环境，则称作无地域性。无地域性的原因还包括"空间感"的过度或不足、忽视室外空间、忽视空间组织及联系、设施退化及美化不足。

（2）文化意义

听觉、视觉和嗅觉使我们形成空间印象。场所感将受公共设施、众多停车场、商业区噪声和高速路上的交通影响。环境将影响我们的行为，如去哪里生活、购物、工作及游玩。基础设施及环境影响人们决定是否入住。其他非场地因素如法律条件也很重要。室外环境价值评定人们喜欢使用或避开这些室外环境的原因和程度，居住后的评估对城市环境非常重要。

自然环境和建造特点创造不一样的周边环境。1994年莫里士（Morrish）

和布朗（Brown）在《居住规划》中提出，周边环境要考虑场地质量、可接近性及便利性。包括以下几方面：

①场所（场地内部及周边）；

②比例（空间——大小，时间——容量和速度，如交通）；

③混合（使用者和其他相关）；

④时间（日期，季节和几个世纪内的场地变化）；

⑤移动（交通——质量，便捷性，速度）。

周边环境分析包括以下几个方面：

①居住区及公园区（如私人的）；

②社区街道；

③附近市场（如零售和服务业）；

④固定制度（如文化、社会、民主、就业／经济场所）；

⑤公共公园（如公园、绿地）。

优势分析的重要一项是发现有趣的、有价值的特点，从自然区域到人工区域进行排序。

3. 小结

可持续发展要求保护生态系统的完整性、保护自然资源和文化遗产。在建造过程及之后，开发会使环境退化，影响生物多样性和社会的其他投资。经过详细具体的场地分析，开发行为可以使影响最小化，缓和对环境和社会的破坏。不要尝试去战胜场地固有的"劣势"，有些场地可以开发，有些场地仍然不能开发。

每个场地在生物物理及人文属性上都是独特唯一的，不要用"适用于一切"的理论去规划设计。适宜性开发是场地优势和劣势共同作用的结果。优势是指场地内有利的、合适的和利于建设的因素。这些因素或是项目规划所必需的，或可以促进地块的访问量。限制条件是指排除、妨碍土地使用，或增加土地使用难度，加大建设投入的因素。

4 场地设计

第四章　场地设计

4.1　概念设计

4.1.1　特殊场地环境设计

从可持续发展的角度来说，场地设计有三个基本原则：

（1）设计结合环境；

（2）设计结合文化；

（3）设计以人为本。

这些基本原则明确了场地设计的根源。针对环境承受能力，要求多考虑场地物理多样性和法律约束力，场地区位条件包括以下几方面：

（1）阳光和风；

（2）尺寸和形状的划分；

（3）交通道路地块（如交叉处突出的角落）；

（4）典型植被、地形学和其他自然条件；

（5）远处景观及自然和人文标志；

（6）建筑规模和特点。

概念设计一般根据场地调查分析，有的则直接来源于调查分析。分析可以说明场地自然及人文方面的特征，这些特征影响场地结构可行性设计的数量。不注意场地特征及约束，在设计和建设中会有过多的可行性选择；不考虑场地特色，也很难设计出独特的景观。

相反，自然和人文特色明显的场地，有最大的潜力去尝试适合本身的规划。例如，场地内有一棵古树，限制条件就是不要毁掉这棵树。在另一个案例中，场地内有一条小溪，设计的限制条件就是海拔高度，不能过度混乱。地块的开发不能使河流两侧水生和河岸植被栖息地退化。综合这些"设计结合环境"的例子，对于特殊场地的规划设计，是结合，而不是摧毁。

4.1.2 设计决定因素

场地标志物和环境限制因素成为设计的决定因素，包括场地形状、形式以及可持续发展规划等，分为场内固有因素和场外非固有因素。周密的场地分析会明确项目的每一个决定因素，这些决定因素成为项目组织、联系的基础。

1. 方案及大众喜好

项目目标和方案在场地设计中，扮演着重要角色，例如客户的偏好将决定活动区规划的形式和范围。在一些项目中，场地未来的使用者在设计中扮演着很重要的角色，特别是在一些公共项目中，如公园、图书馆和学校。

2. 场内形式的决定因素

设计的决定因素包括场地固有的、仍保持的、未被打乱的特色，如斜坡、树木繁茂的边坡或者其他场所原有的自然、人文特色。这些元素被视为开发的约束条件，如果被打乱，将产生相反的作用。

现场重要的决定因素包括：

（1）自然条件（如自然特点方面：排水管道、动物栖息地、陡峭山坡、文化特色、微气候影响因素、风和阳光、场地尺寸和形状）；

（2）法规与标准（如区域规范、建筑规范、土地开发规范、设计指南）。

场地边界及公共设施也是设计中要考虑的重要部分。当场地规模狭小或呈线性时，边缘地带具有重要意义。河流和野生生物有可能超越场地的边界，通过边界开放空间和保护区，加强场地及周边的生物链。这些开放空间不仅有重要的生态价值，还可以提供娱乐、教育的场所，增加视觉效果。

3. 场外形式的决定因素

场外特征常常会影响场地的位置和项目组织。例如，入口的数量和位置一方面是由边界的自然条件决定的，临近的街道及交通站点处更容易设置入口；另一方面，土地开发规划也会影响入口的设计，影响入口数量，还会强行规定入口与周边街道交叉口处的最小距离。

场地和场外在用途和特点方面可能存在潜在冲突，需要在概念设计阶段进行调整。场外条件包括：繁杂的高速公路，会带来噪声、气味和不利因素的环境。

当冲突确实存在,项目设计时就要试图缓和这些冲突。在场地临近周边地块处,为了减少影响,要使用不太敏感的元素,必须进行设计要素的筛选,在概念设计中概略地表现出来,如选择材料——包括墙体、栅栏、小径或者稍后发生在详细设计阶段的植被选择。

其他场外决定因素还包括:

(1)邻里、社区、居民特征(例如建筑模式及材料,可能会在新场地设计中被应用);

(2)临近建筑和公共建筑(例如,主要街道交叉处界面和可见的山顶,要求特殊的设计。场外地标会影响与地标同轴的循环交通,建设的场地也会给地表带来突出的景观效果)。

4. 设计原理

设计原理是做决定时的指导性原则和策略。场地规划中,设计原理包括设计过程的决定要素(如,在着手概念设计前先进行场地分析),还包括给场地内元素分级。这些设计原理都是基于持续发展的历史、艺术和科学。

4.1.3 创造力和概念设计

在场地设计过程中,解决问题是一个重要的部分。例如,场地选择主要是优化的问题,在于找出最能适应项目目标的可利用的场地。一旦场地被选择,就要弄清楚项目困扰人们的约束条件和有利条件。这一困惑在概念设计阶段解决,在随后的详细设计及建筑施工图绘制中进行更细部的考虑。

创造性解决问题要突破五方面:实事、问题、想法、解决办法和可以接受的方式。每一项在规划设计的过程中都很明显,例如在场地调查阶段,就是寻找现状事实,通过分析利用这些事实,来评估适宜项目的条件或制定目标。评估确定了"问题"(约束条件)和"方法"(有利条件),概念设计和随后的发展设计阶段就是"问题解决",寻找方法来避开或解决约束条件,利用有利条件。

因此,场地设计包括相关联因素的判断(如收集地块属性数据)、空间关系分析(如空间关系如何影响潜在的项目行为),还包括创新行为、如何将场地元素组织连接(如不同功能区的划分)、相关评估的决定(如分析特殊的规划对社会、经济和环境产生的影响)。

好的场地设计对环境的可持续发展起到特殊的贡献,同时,不好的规划也有其发挥作用的一面。它可以揭示人们的生活和财产风险，揭示人们如何忍受不便的环境。保护公众健康、安全和幸福感应是景观设计师基本的职业素养。

创造性解决问题的能力，可以通过学习和训练来养成。要想变得更具创造性，设计得更好，最好的途径是建立自己的"设计语言"。

要充分学习好的设计，通过分析之前的设计，知道好的设计原则和表达的多种方式。这些先例可能是现实存在的，也可能是想象的，包括自然环境和人为环境。研究先例，从正式的到简单的，学习设计师是怎样为特殊用途建立场所、怎样回应场所的。优秀的设计和失败的设计例子都有价值，它会充实你的设计"工具箱"，帮助你恰当地、独具创造性地解决问题。

4.1.4 概念设计过程

概念设计是探索、评价、比较的过程，是调整与修正。调整项目的内在部分，探索可选择的概念或者空间结构，这不需要过多的时间投入却能够大幅度提高设计质量，从根本上影响场地特点、植被存活率和环境的可持续性。

跳过概念设计意味着省略了场地设计中非常重要的一步，在详细设计之前进行概念设计，有两个重要原因：一是概念设计比详细设计更快；二是概念设计更有效，即使是在小比例的规划和设计中。在场地设计中，概念设计意味着组织及空间安排，一旦项目及环境设计理念被接受，就可以在详细设计之前展开概念设计。

概念设计是在整个设计过程中可以为设计师提供发挥的舞台，在尊重场地自然和人文特色的基础上，寻求场地设计的组织结构，为随后的详细设计提供空间框架。

概念设计基于场地和项目而变，是一个综合的过程。

第一步：列出主要和次要保护区。

大范围的场地开发项目，环境场地大多作为开放空间。如果场地中包含重要的环境特色，如森林、陡峭山坡、河流、湿地时，情况更是如此。

相反，在小范围的城市区域设计项目中，开放空间面积有限，甚至没有开放空间。特别是在再开发项目中，这就需要集中布置场地。同时，城市区域外环境设计还要满足室外娱乐活动、雨水管理、为其他重要功能提供开放空间等功能要求。

第二步：在除开放空间之外的场地中，规划适宜开发的地块，布置相关元素（如建筑、相连的公共建筑和额外的开放空间）。

第三步：在适宜开发的地块，考虑它们的可接近性。

第四步:确定主要和次要的交通循环系统,考虑待开发区域的大小和形状。
交通循环系统和开发空间系统是关键的场地元素,有助于其他元素的组织。

概念设计阶段明确场地与其构成元素之间的功能关系,以一种简单的、书面的方式,补充设计的主题概念。设计草图、图表、想象力丰富的概念图在详细设计之前,也可以传达设计理念。

4.1.5 概念设计剖析

概念设计为接下来的详细设计勾勒了空间框架,它涉及三个主要元素:开放空间(既包括保护的区域也包括开发的区域)、交通循环系统和节点。概念设计的比例决定了有多少细节可以表达,也决定了需要考虑的场地尺寸。

1. 开放空间

自然基础设施:

开放空间有利于保持生态系统的结构和作用。例如,自然的景观廊道可以协调多种重要的生态功能:

(1)栖息地(高地物种及免于洪水侵蚀或河道迁移的漫滩物种);

(2)沟渠(适用于独特的高地物种);

(3)过滤池(从地表雨水径流中可移除可溶物);

(4)资源(食物和覆盖物);

(5)渗透层(洪水期间,吸收洪水和沉积物)。

保护自然的排水系统和其他主要区域,可以减少对水文和生态的影响。场地的水文基础设施包括河流及其缓冲区、漫滩、湿地、陡坡、高度渗透的土壤和林地。为了保护退化的但很重要的"绿色"基础设施,不能在该区域设置建筑和交通系统。未开发的开放空间在如洪水和山崩自然灾害中可以作为缓冲区。

开放空间在生态环境中发挥着重要作用。自然及开发的开放空间会增加美学价值,提供室外娱乐的机会,带动当地的经济发展(表 4-1)。

预留开放空间的益处	表 4-1
要素	**功能和好处**
水	户外休闲
	视觉舒适

续表

要素	功能和好处
水	水中和岸边的栖息地
湿地	地下水补给
	植物和野生动物栖息
	缓解洪水
森林	微气候的改善
	野生动物栖息
	视觉舒适度
陡坡	含水土层
	植物和野生动物栖息
	视觉舒适度

树木和其他自然特征对一个场地的定位和生活品质都十分重要。自然区域（既包括大片地带也包括相连的走廊）可以完整地作为社区的开放空间，保护最有价值、最易受伤害的景观元素。典型元素包括如下：

（1）地表水；

（2）湿地；

（3）陡坡；

（4）易侵蚀和不稳定的土壤；

（5）植被茂盛的林区；

（6）易受大浪侵袭的漫滩和海岸区域。

不是每个重要的自然区域都可以为公众所有，然而在一些场地及局部地区，如果采用可持续的方法来开发，可以保护这些有价值的自然资源。

开发空间网络可以为建筑和交通系统提供空间结构，很多设计师在设计时的一个共同特点是开发了完整的开放空间。在无污染的乡村，60%~70% 的区域仍然作为开放空间，过滤废水废气。

结合自然排水系统来管理场地排水可以减少开支。开放空间的渗透区可以促进地表水渗透和地表水供给。

2.交通循环系统

交通循环系统是基础设施，可以通过其到达场地。完整的交通运输系统可以提供诸多选择，如车行道、人行道、自行车道及公共交通系统。

组织场地的交通系统，要求了解现存的、特殊的及服务性的交通需求。从进入广场最终到达场内目的地，一定是由一个或多个点开始。场地、建筑或主要的人行道交叉口处，都会有一些广场或者座位，这些节点都有特殊的设计，包括特别的铺装、灯光、植被和小品。

其他涉及交通的设计包括通过布置路径，来加强到达感。新建筑前的入口车道可以布置在与建筑同轴处，也可布置在场内或场外特殊区域。轴线——虚构的一条线，可以是一棵大的古树、一个小山丘、突出的地形或其他的视觉特征。

交通循环系统，特别是人行道，经常组织成一个或多个几何模式或结构。如下：

（1）线型模式（可以是走道，经常用于娱乐通廊；可以是平行线，如自然界的小溪、河流和海岸线；可以是曲线、折线或者直接的线型模式）；

（2）网络模式（城市内的平行街道网，可以缓和方向冲突，加强路线选择的灵活性）；

（3）环形模式（走道连接，组织多种开放空间、成群建筑或其他活动区）；

（4）射线模式（走道集中于一个交叉点，可以设计为广场、市场或其他重要的人行节点）；

（5）螺旋形模式（走道被排列为一列，朝着一个特殊的目的地道路标高下降或上升；在雕塑公园、纪念碑和其他的沉思性室外场所常见）。

公用设备系统也是场地设施重要的组成部分，这些系统将场地内设备与场外设备相连。主要的设备线布置于街道右侧或其他系统内。这些系统需要密集的地下管网和相关联的结构。

除此之外，大多数设计项目仍需要继续输入资源，如自来水和电。这些资源需要通过公共设备运输到场地，其他可利用的资源还有天然气、电、电话、电视、电缆。设计项目一般还需要资源输出，如废弃物，可以在场地内处理，也可在场外用设备收集。

4.1.6　概念设计制图

概念设计相对来说是一个简单的图表，显示了设计项目主要部分在功能上、潜力上和外观上如何相互联系。概念设计经常提供场地生物物理和文化特征方面的信息——或者在开发及再开发项目中重要的设计决定因素。

概念设计展示了街道、建筑和其他的场地元素。而构成这些元素的材料并没有详细的表达，这些元素在接下来的详细设计阶段将做更详细的设计。

概念设计图表传达地形学典型的主题，包括三个几何学构成：多边形、直线和点。笔记和注释在传达场地功能和视觉关系等信息时也是很重要的表达方式，与相关者进行图表沟通会增加概念设计的有效性。

概念设计表达内容 表4-2

分类	表达内容
开放空间	主动性娱乐活动区
	被动性娱乐运动区／保护区
车道循环系统	街道和场地入口，乘客下车区域
	停车场区，码头及服务区
人行道循环系统	人行道，场所及建筑入口
	广场、天井及其他节点
	人行横道
其他循环系统	自行车道、公共交通站及停车点
建筑	功能
公共设施	管道和路线的缓冲区
景观	场地内和场地外的突出景观

场地概念设计案例：基加利概念性总体规划

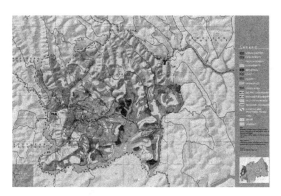

图4-1　概念性总体规划图

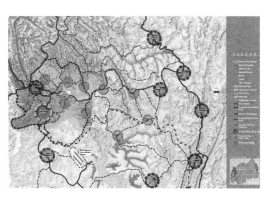

图4-2　地区间关系

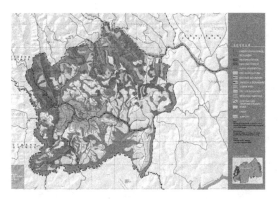

图 4-3　自然特征分析

图 4-4　现状地形

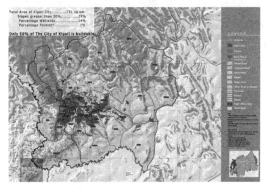

图 4-5　发展的制约因素

图 4-6　城市区域发展制约因素

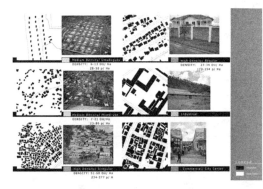

图 4-7　现有地形的密度类型学

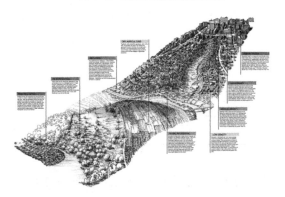

图 4-8　以地形为基础的密度截面带

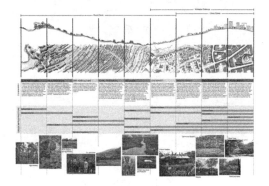

图 4-9　绿色基础截面带

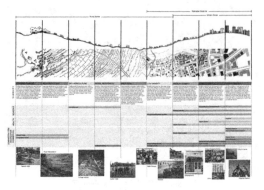

图 4-10　土地使用截面带

（1）区域

在概念设计中,场地主要用途用气泡的图来表示。由于概念设计比较精炼,这些活动区和土地使用区域还可以进一步细分,来描述建筑的位置和最小的循环模式。由于涉及的过程还需进一步发展到设计开发阶段——设计区域被划分为更小的区域甚至更详细的设计,除了开发区域,概念设计还涉及不开发的开放空间。

（2）路径和边缘区

场地内的活动在功能上和视觉上都相关联。例如,场地内节点之间或场外节点之间的特殊景观,可以用箭头或注释的标签描述,包含以下几种含义:

①轴线关系;

②交通循环系统（如人行道、自行车道和车行道）;

③雨水排放模式;

④公共设施线路（地表）;

⑤景观（有利的和不利的）;

⑥边缘区（例如地形上的突变）。

箭头的颜色、纹理和线的粗细,可以帮助区分场地不同的形式。

（3）节点和地标

概念设计也可以确定节点和地标,涉及建筑或其他有特色的构筑物或现存建筑的继续存留或搬迁,包括以下几方面:

①场地或建筑入口;

②人行道和车道入口;

③高处风景或眺望风景。

地标包括:

①标志树木;

②桥梁;

③特殊建筑;

④山丘或其他地形学特征。

4.1.7 概念评估和提炼

未开发区域在生态和水文方面都越来越重要。关于环境质量和可持续方面也吸引了当地政府和市民的关注,关注其潜在的开发影响。

在概念设计阶段，应检查开发项目对公众健康、安全和幸福感潜在的消极影响：

（1）待用的土地是否由类别差异大的小地块组成？

（2）是否充分考虑洪水、侵蚀、陡坡下滑、砂质土壤、沉降等自然灾害的危险？

（3）是否充分考虑场地结构及使用与湿地、地下水补给区和洪泛区的危害？

（4）是否有濒临灭绝的动植物栖息地受影响？

（5）重要景观或特殊自然特色是否被考虑？

（6）项目是否将对临近地块的消极影响降到了最小（特别是在噪声、尘土、气味、光照和震动方面）？

这些是概念设计阶段期间要考虑的问题，概念设计的优势和弱势，应该用这些简单的问题来进行评价。比较场地现存条件和设计条件，形成最后的场地设计。

4.1.8　小结

概念设计是一个反复进行的过程，从而合理地安排基本要素的空间组成，随后进行更详细的设计。在安排场内活动和功能时有多种可能的选择，通过认真地分析场地和环境现存条件，可以降低设计工作的复杂性。场地分析阶段的设计决定因素，经常会提出适合项目的空间框架。成系统的、有效的概念分析法，能够提供稳固的场地规划决策，从根本上建设高质量的环境。

4.2　场地布局

提出解决问题的核心方法、途径，利用与创造场地价值。

4.2.1　场地分区

场地分区是场地设计工作的重要组成部分，是场地布局的起点，是要将基地划分成若干区域，将场地中所包含的内容按照一定关系分成若干部分组合到这些区域中。

1.场地分区目的（所遵循的思路）

（1）解决基地的利用问题；

（2）解决内容组织的问题。

2.场地分区两种思路：内容与用地

（1）从基地利用的角度出发进行功能分区和组织，将用地分为主体、辅助用地、广场、停车场、绿化庭院，等等。

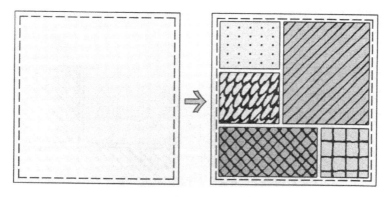

图4-11　从基地利用出发场地布局

（2）从内容组织的角度出发进行功能分区和组织，将性质相近、使用联系密切的内容归于一区。

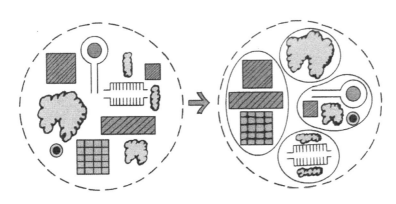

图4-12　从内容组织出发场地布局

3.场地分区与基地利用

在有限的用地之内，合理、有效、充分利用每部分土地。

（1）集中的方式

适用于用地较为有限的情况，采用这一方式将用地划分成几大块，性质相同或类似的用地尽量集中在一起布置，形成较为完整的地块，分区明确，各得其所。这种方式适用于地块较小、项目内容较为单一、功能关系相对简单明确的用地。

特点：尽量简化分区、减少层次。

依据：a 性质，b 形状。

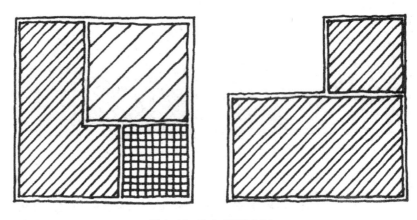

图4-13　集中式场地分区

（2）均衡的方式

对于项目内容多样复杂的场地，一般采用均衡的方式，将降低内容均衡地分布，使每部分用地都有相应的内容，从而都能发挥作用。

直接将用地较均衡地细划为较小的区域，将内容在满足自身要求的前提下适当分解，组合到各区域中，使每个区域都各有其用。先根据不同的性质将用地划分为几个相对集中的区域，使场地整体划分明确，然后进一步调整各区域之间用地面积的比例关系，并对各区域用地再次细分，从而通过间接的方式获得相应内容的均衡分布。

特点：空间层次较为丰富。

依据：a 性质，b 区域。

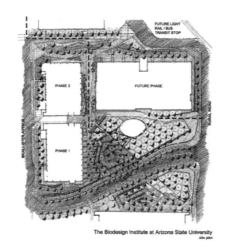

图4-14　集中式场地布局设计案例

图4-15　均衡分区的两种方式（直接与间接）

4.场地分区与内容组织

对内容进行分区组合的目的是使场地能够呈现比较清晰和明确的结构关系，使功能、空间、景观等方面都呈现出有序状态。

（1）分区的依据

场地内容的功能特征是确定场地分区的根本依据，如：闹—静、洁—污、公共—私密。

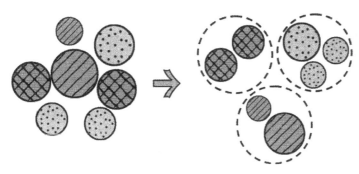

图4-16　场地分区与内容组织

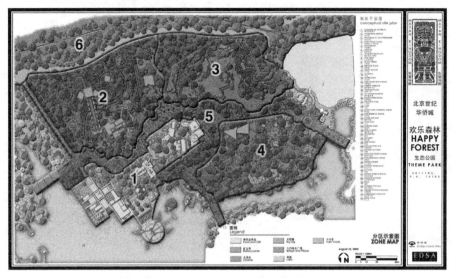

图 4-17 场地分区设计案例

（2）分区的形态

a、各区域的分划状态——场地、广场等的形态；

b、各区域间的相互关系——通道方式及形态。

场地分区从形态角度有分离与合并的双重含义，但也并非是绝对的分离与合并，都需要建立在场地这一有机整体的基础上进行，根据不同程度的需求进行不同程度的划分。

意义：明确分区是为了保证内容能有明确的组织形式。

强调分区间的位置关系（毗邻、隔离、前后、中心与边缘、主次等关系）。

区域间的联结包含交通、空间以及视觉等方面。

4.2.2 实体布局

实体：场地内的建筑物与构筑物。

1.实体与场地关系

把未来整个场地看作整体，实体与场地间的位置、体量、形态等关系可以形成以实体为主场地配合的景象，也可以形成以建筑物配合场地特征的景象。

图 4-18　阿利耶夫文化中心 (Heydar aliyev cultural center)

图 4-19　南京汤山方山地质公园博物馆

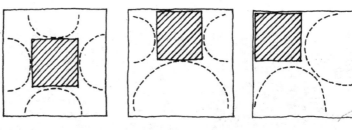

图 4-20 建筑物的位置影响场地的使用模式

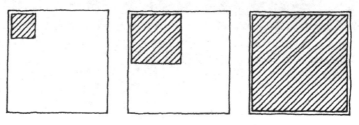

图 4-21 建筑物的体量影响场地的使用模式

（1）比例悬殊的情形

（2）比例适中的情形

①建筑物在基地中央

场地被划分成几个类似的区域，其差异需要其他条件来决定。

均衡、独立、联系；

稳定、朴素、呆板；

重视建筑。

②建筑物布置在基地一侧

主从关系明确。

③建筑物布置在边角位置

地块最大限度地集中和完整。

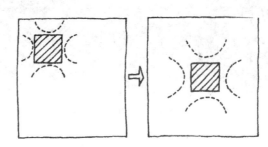

图 4-22 建筑与场地比例悬殊的情形

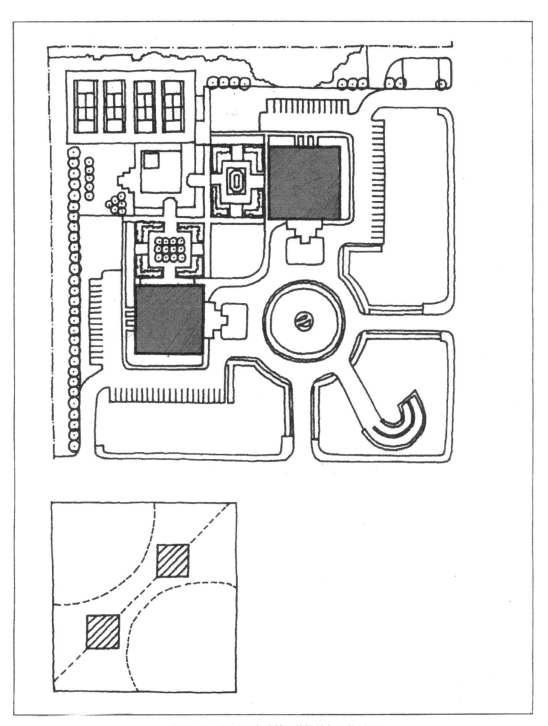

图 4-23 四叶公寓（美国休斯敦）西萨·佩里

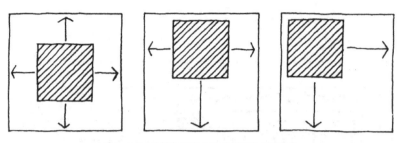

图 4-24　建筑与场地比例适中的三种情形

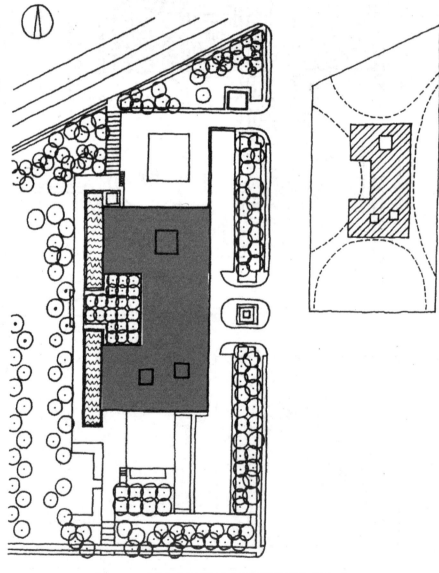

图 4-25　金贝尔艺术博物馆（美国福特沃斯）路易·康

（3）比例相近的情形

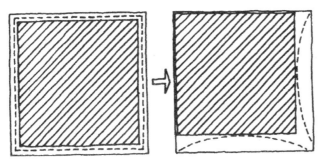

图4-26　建筑与场地比例相近

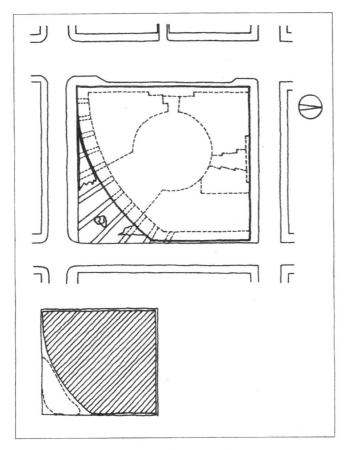

图4-27　伊利诺伊州中心（美国芝加哥）墨菲·扬事务所

2.实体布局与其他内容

从形态角度看，在场地中实体与其他内容的关系可概括为三种基本形式：
①以实体为核心；②相互穿插；③以其他内容为核心。

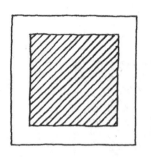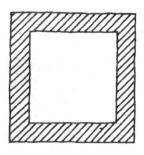

图 4-28　实体布局的三种形式

①以实体为核心，建筑物采取独立模式，建筑与环境二者基本处于分立状态，有利于节约用地，秩序比较简明，建筑地位明确。

图 4-29　以实体为核心

②相互穿插的形式，是指实体与其他内容基本采取分散式的布置形式，相互穿插在一起，彼此呈交错形态。相互穿插的形式具有灵活性、变化性的特点，联系紧密，便于融合，丰富并具有层次，但是存在流线过长、易于混乱的问题。

条件：场地条件宽松；符合建筑物内部功能组织；建筑物形象的考虑；各项内容的比重较为均衡。

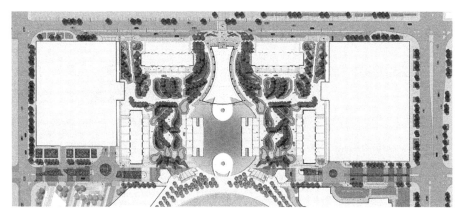

图 4-30 相互穿插的形式

③其他内容为核心的形式，是一种有中心的组织形式，如以庭院、广场、绿化等为中心，被建筑物围绕着，整个场地形成向心式的组织关系。其特点是：建筑物与其他形式联系紧密；场地布局的秩序结构清晰简明；产生围合感及场地自身的内向完整性。

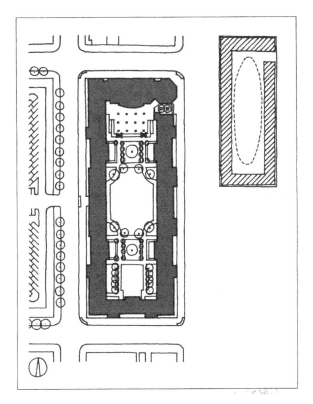

图 4-31 以其他内容为核心

4.2.3　交通安排

交通流线系统的组织安排是场地布局的主要内容之一，侧重点是如何在场地的各个区域之间建立交通联系，以及各部分与外界的交通联系形式。交通流线一方面起到通行作用，另一方面起到场地结构骨架作用。

交通流线的组成要素：交通方式；流量：单位时间；流向：单向，双向；流距／流程；流速。不同交通方式的流线应当分为不同流线；不同流程的流线应当分为不同流线；不同流量的流线应当分为不同流线；不同流向的流线应当分为不同流线。

1.流线系统的组织

目的：组织安排人员、车辆的流动路线和流动方式，既包括整体意义上的流线进出场地的组织方式，也包括不同类型流线之间关系的组织方式。

（1）流线的整体形式

流线组织方式：

尽端式——流线进入场地抵达目的地后，离开场地时是从原路折返回去。

通过式——流线从一段进入场地后，从另一端离开而无须折返。

综合式——多种流线组织方式的结合。

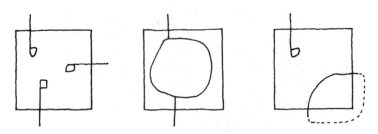

图 4-32　流线组织三种方式（尽端式、通过式、综合式）

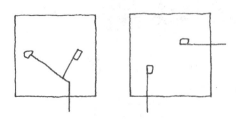

图 4-33　尽端式流线结构形式

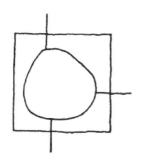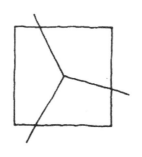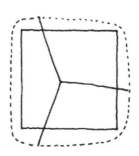

图 4-34　环通式流线结构形式

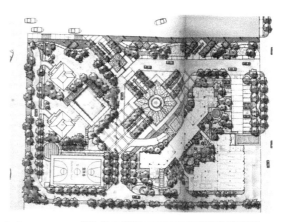

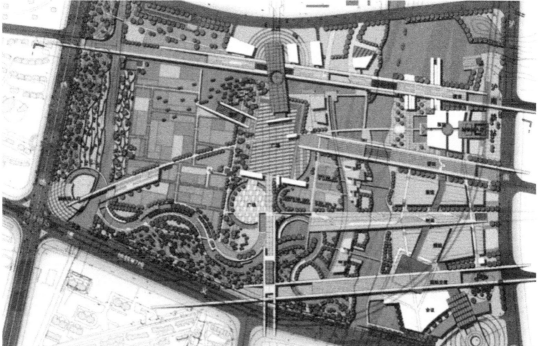

图 4-35　流线组织设计案例

（2）流线的不同类型

流线的基本要求：顺畅清晰、避免不同区域间的相互交叉或相互穿越，处理好不同类型流线间的相互关系。

从功能上可分为：使用流线和服务流线。

从流线主体角度分为：人员流线和车辆流线。

集中流线间的配合方式可分为：分流式和合流式。

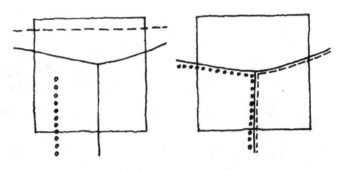

图 4-36　分流式与合流式

①合流式组织形式

优点：交通体系比较简单、较容易处理、总的通道数量减少、总长度相应缩短，占地面积较小、降低道路交通设施的投资。

②分流式组织形式

优点：不同流线由各自独立的通道来承担，各通道用途专一，根本上解决了相互混杂的问题。

2.停车系统的组织

停车系统应与车流体系具有恰当的连接方式，包括停车方式的选择和布置方式的选择。

（1）停车场的类型

按照在场地中的存在形式可分为：

①地面停车场；

②停车场与其他内容相结合布置的组合式停车场；

③多层停车楼。

（2）停车场的布置方式

停车场的位置选择：内部—外侧、前部—后部、中央—边缘。

停车空间的划分与组合形式：集中—分散。

①集中式

有利于简化场地中的流线关系，使之具有规律性；人车活动能够明确区分；利于用地规划更加完整；利于提高用地效率，不利于将不同使用要求的停车明确区分开；延长了步行距离；易形成大片的枯燥硬质铺装。

②分散式

为不同性质的停车相互分离；为不同使用者使用；场地不同部分的停车空间独立设置；可缩短各自的步行距离；适当的分散有利于景观效果；充分发挥零散边角地块；增加场地中流线体系的复杂程度；增加不同部分之间人流、车流间关系组织的困难。

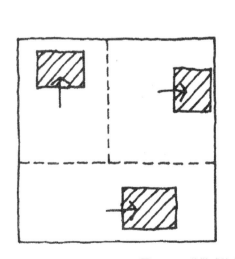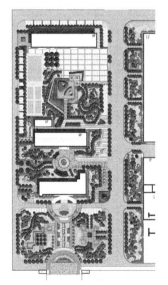

图4-37 分散式停车布局

（3）停车场的位置选择

有两方面含义：涉及它在基地中的方位（内部—外部、前部—后部、中央—两侧）；涉及它与其他内容的方位关系（与场地入口的关系、与建筑物的关系、与建筑物入口的关系）。

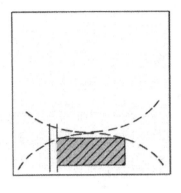
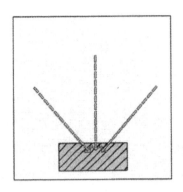
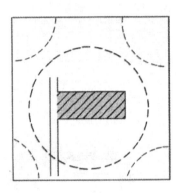
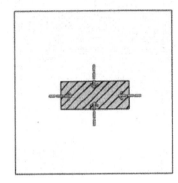

图 4-38　停车场的位置选择

4.2.4　绿地配置

绿地作为景园中的软质要素，是维系场地整体性的重要手段之一。绿地配置在场地中具有两个层次的意义：显性和隐性。

显性——使用上、视觉上具体的局部性要求；

隐性——结构性、组织性。

图 4-39　绿地配置（几何式与自然式）

1. 绿地配置的用地确定

确定其基本形态，考虑绿地与用地间的关系。

（1）绿地用地的整体规模

保证绿化用地整体规模的基本手段：

①场地划分时给予绿化主体地位；

②在考虑其他内容的布局形式时，尽量选择占地较小的形式以节约用地；

③充分利用基地中的边角地块。

（2）绿化用地的分布形态

集中——能够有效地发挥绿地的效益。

分散——有利于整个绿地体系在场地中的均衡分布。

2. 绿地配置的基本形式

有三种基本类型：

（1）边缘性用地——基础形式、一般作为绿化的背景；

（2）小面积的独立用地；

（3）具有一定规模的集中绿地。

三者也可结合共同形成绿化系统。

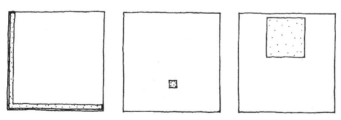

图 4-40　绿地配置的三种基本类型

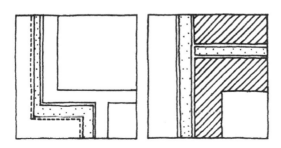

图 4-41　边缘绿地的一般位置

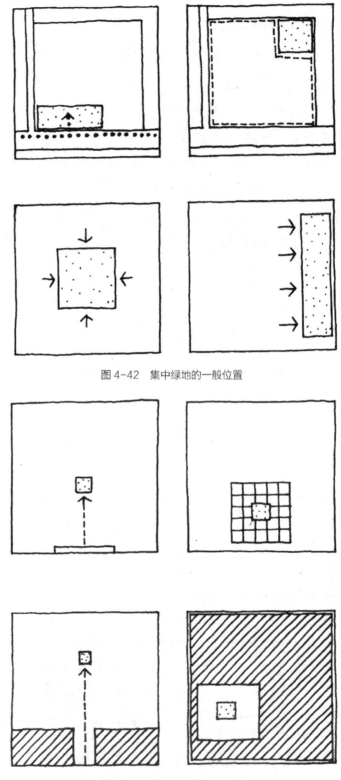

图 4-42　集中绿地的一般位置

图 4-43　独立绿地的一般位置

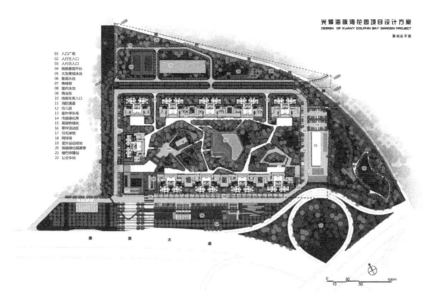

图 4-44　绿地布置设计案例

4.3　场地处理（详细设计）

4.3.1　道路

1.平面形式

技术要求：

道路宽度、转弯半径、道路与建筑物的安全距离、回车场等。

消防车净宽、净高：-4m

回车场：-12×12m、15×15m

小型车转弯半径：6m

货车、中型车转弯半径：9m

大客车转弯半径：12m

重型车转弯半径：12~18m

会车视距：>20m

道路边缘至路边建筑物等的最小距离（m）　　　　表 4-3

类别	最小距离
无出入的建筑外墙面	1.5

续表

类别	最小距离
建筑物面向道路一侧有出入口，但出入口不通行汽车	3.0
建筑物面向道路有汽车出入口	6.0-8.0
栏杆、围墙、树木等	1.0

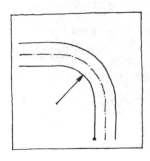
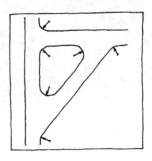
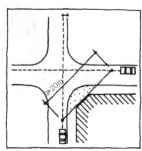

图4-45 转弯半径

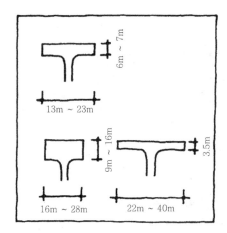
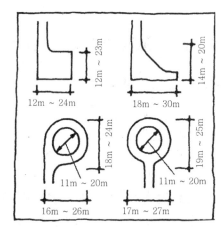

图4-46 回车场的形式与尺寸

2.剖面形式

道路的剖面形式包括道路纵、横断面形式的选择以及道路的纵、横坡度的确定等。

（1）道路的横断面

垂直于道路中心线方向的断面。公路与城市道路横断面的组成有所不同。公路横断面的主要组成有：车行

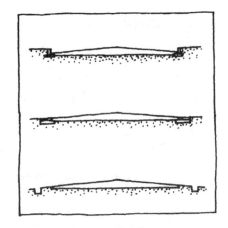

图4-47 道路横断面

道（路面）、路肩、边沟、边坡、绿化带、分隔带、挡土墙等；城市道路横断面的组成有：车行道（路面）、人行道、路缘石、绿化带、分隔带等。在高路堤和深路堑的路段，还包括挡土墙。

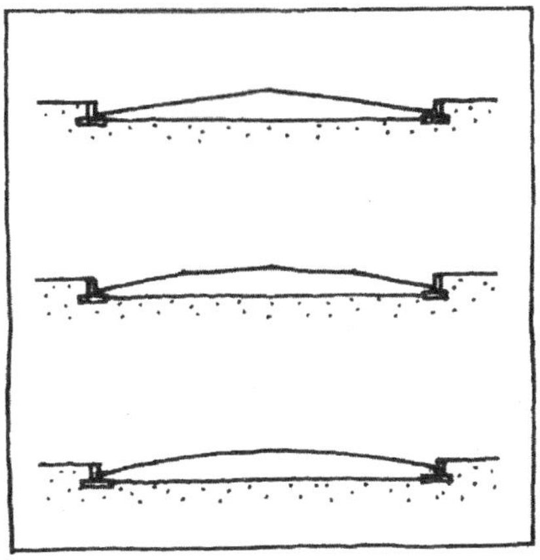

（2）道路的横向坡度

道路的横向坡度是路基（路面）横断方向的坡度，一般为2%，是为了便于排水，特别是在纵向坡度较小时就显得尤其重要了。在弯道上，为了抵消离心力，需要设超高，即内弯低，外弯高。

（3）道路的纵坡度

图4-48 路拱的断面形式

纵坡度是路基（路面）纵向的坡度，也即平常所说的路线的坡度，坡度不宜太小（不利于排水），不宜过陡（不利于行车及安全），同时对其坡长还有一定的限制。计算时，用高差除以水平距离，即得到坡度值，用百分比表示。

场地道路的纵坡度应能提供良好的车辆行驶条件和排水条件，而且应将其放入场地整体竖向设计的背景来考虑。

4.3.2 停车场设计

技术要求：

单位停车位的尺寸、停车单元布置的任务、出入口通道的相关要求。

1.停车位平面尺寸

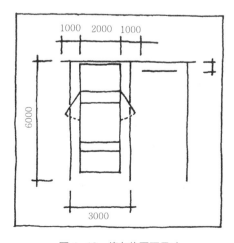

图4-49 停车位平面尺寸

2.停车带尺寸

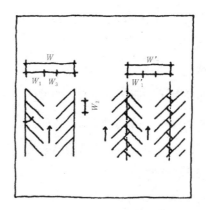

图 4-50　停车带平面形式

项目	停车方式			垂直式 90°
	平行式 0°	斜列式		
		45°	60°	
停车位深 W_1	2.8	5.8	6.4	5.8
停车位顶宽 W_2	7.0	4.0	3.2	2.8
通道宽 W_3	4.0	4.0	5.5	7.3
停车单元宽 W	10.0	16.0	18.0	19.0
停车位深 W'_1	2.8	5.0	5.7	5.8
停车单元宽 W'	10.0	14.0	17.0	19.0

停车带尺寸　　　　　　　　　　　表 4-4

3.停车场常见平面组合形式

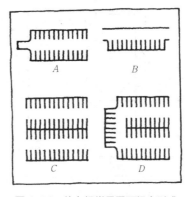

图 4-51　停车场常见平面组合形式

4. 停车场出入通道

停车位数大于 50 个时须设置 2 个以上出入口；

车位数量大于 500 个时，出入口数量须 3 个以上；

出入口间距须大于 15m；

出入口宽度不得小于 7m。

停车场出入口坡道的宽度（m） 表 4-5

行驶方式	坡道宽度计算	一般宽度	
		小汽车	载重货车
直线单行	车宽 +0.8	3.0 ~ 3.5	3.5 ~ 4.0
直线双行	2 车宽 +1.8	> 5.5	> 7.0
曲线单行	车宽 +1.0	4.2 ~ 4.5	5.0 ~ 5.5
曲线双行	2 车宽 +2.2	> 7.8	> 9.4

停车场出入口坡道的纵向坡度（%） 表 4-6

车辆类型	直线坡道的纵向坡度	曲线坡道的纵向坡度
小汽车	< 12	< 9
公共汽车	< 7	< 5
载重货车	< 8	< 6

停车场通道的最小平曲线半径（m） 表 4-7

车辆类型	最小平曲线半径
微型汽车	7.0
小型汽车	7.0
中型汽车	10.5
大型汽车	13.0
铰接车	13.0

停车场通道的最大纵坡（%） 表 4-8

车辆类型	直线坡道最大坡度	曲线坡道最大坡度
微型汽车	15	12
小型汽车	15	12
中型汽车	12	10

续表

车辆类型	直线坡道最大坡度	曲线坡道最大坡度
大型货车	10	8
铰接车	8	6

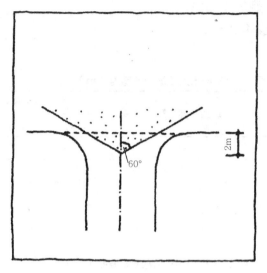

图 4-52　停车场出入口处视线保证

自行车停车场的停车带及通道宽度（mm）　　　表 4-9

停车方式		停车带宽		车辆间距	通道宽	
		单排停车	双排停车	一侧使用	一侧使用	两侧使用
垂直排列		2000	3200	700	1500	2600
斜排列	60°	1700	2770	500	1500	2600
	45°	1400	2260	500	1200	2000

自行车的单位停放面积（m²/辆）　　　表 4-10

停车方式		单位停车面积			
		单排一侧	单排两侧	双排一侧	双排两侧
垂直排列		2.0	1.98	1.86	1.74
斜排列	60°	1.85	1.73	1.67	1.55
	45°	1.84	1.7	1.65	1.51

4.3.3 竖向设计

1.竖向设计的概念

竖向设计（或称垂直设计、竖向布置）是对基地的自然地形及建（构）筑物进行垂直方向的高程（标高）设计；既要满足使用要求，又要满足经济、安全和景观等方面要求。

园林中的建筑、植物、道路场地、水体等坐落在地形之上，因此地形是园林组成的依托基础和底界面。

我国规定以黄海平均海水面作为高程的基准面，地面点高出基准面的垂直距离称"绝对高程"或"海拔"，以黄海基准面测出的地面点高程形成黄海高程系统。

2.竖向设计的任务

（1）选择场地的竖向布置形式，进行场地地面的竖向设计。

（2）确定建筑物室内外地坪标高、构筑物关键部位（如地下建筑的顶板）的标高、广场和活动场地的设计标高、场地内道路标高和坡度。

（3）组织地面排水系统，保证地面排水通畅，不积水。

（4）安排场地的土方工程，计算土石方填、挖方量，使土方总量最小，填、挖方接近平衡，未平衡时选定取土或弃土地点。

（5）进行有关工程构筑物（挡土墙、边坡）与排水构筑物（排水沟、排泄沟、截洪沟等）的具体设计。

3.竖向设计的原则

（1）满足建（构）筑物的功能布置要求

要按照建（构）筑物使用功能要求，合理安排位置，使建（构）筑物间交通联系方便、简捷、通畅，并满足消防要求，符合景观环境及生态环境要求。

（2）充分利用自然地形

充分利用自然地形，对地形的改造要因地制宜，因势利导。改造地形时，应考虑建筑物的布置及空间效果，减少土石方工程量和各种工程构筑物的工程量，尽量保护场地原有的生态条件和原有风貌，体现不同场地的个性与特色。

（3）满足各项技术规程、规范要求，保证工程建设与使用期间的稳定和安全

（4）解决场地排水问题

建设场地应有完整、有效的雨水排水系统，重力自流管线尽量满足自然排放要求，保证场地雨水能顺利排出，且与周边现有或规划的道路的排水设施等标高相适应。当进行坡地场地、滨水场地设计时，应特别考虑防洪、排洪问题，保证场地不受洪水淹没。

（5）满足工程建设与使用的地质、水文等要求

竖向设计要以安全为原则，充分考虑地形、地质和水文的影响，避免不良地质构造的不利影响，采取适当的防治措施。对挖方地段防止造成产生滑坡、塌方和地下水位上升等恶化工程地质的后果。

4. 竖向设计应有的基础资料

（1）现状地形图

1:500 或 1:1000 建设场地现状地形图。在考虑场地防洪时，为统计径流汇水面积，需要 1:2000 ~ 1:10000 的地形图。

（2）总平面布置图及道路布置图

必须准确地掌握场地内建（构）筑物的总平面布置图及道路布置图。当有单独的场地道路时，该道路的平面图、横断面图及纵断面等设计条件也必须掌握。

（3）地质条件和水文资料

了解建设场地土壤与岩石层的分布、地质构造和标高等；不良地质现象的位置、范围，对场地影响的程度；场地所在地区的暴雨强度、场地所在地洪水水位及防洪、排涝状况、洪水淹没范围。

（4）地下管线的情况

了解各种地下管线，包括给水、污水、雨水、电力、电信、燃气和热力等的埋设深度、走向及范围，场地接入点的方向、位置、标高，重力管线的坡度限制于坡向。

（5）填土土源和弃土地点

不在场地内部进行挖、填土方量平衡的场地，填土量大的要确定取土土源，挖土量大的应寻找余土的弃土地点。

5.竖向设计的一般步骤

（1）不进行场地平整时

①确定道路及室内外设施的竖向设计

道路及室外设施（如室外活动场地、广场、停车场、绿地等）的竖向设计，按地形、排水及交通要求，定出主要控制点（交叉点、转折点、变坡点）的设计标高，并应与四周道路高程相衔接。根据技术规定和规范要求，确定道路合理的坡度与坡长。

②确定建筑物室内、室外设计标高

根据地形的竖向处理方案和建筑的使用、经济、排水、防洪、美观等要求，合理考虑建筑、道路及室外场地之间的高差关系，具体确定建筑物的室内地坪标高及室外设计标高等。

③确定场地排雨水

首先根据建筑群布置及场地内排水组织的要求，确定排水方向，划分排水分区，定出地面排水的组织计划，应保证场地雨水不得向周围场地排泄，即将场地的雨水有组织地排放。正确处理设计地面与散水坡、道路、排水沟等高程控制点的关系，对于场地内的排水沟也需要进行结构选型。

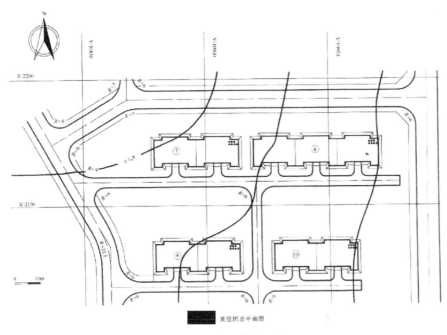

图 4-53 设计标高法示例

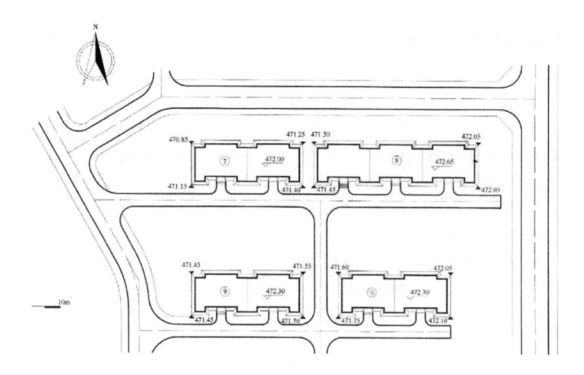

图 4-54　确定建筑物室内地坪标高

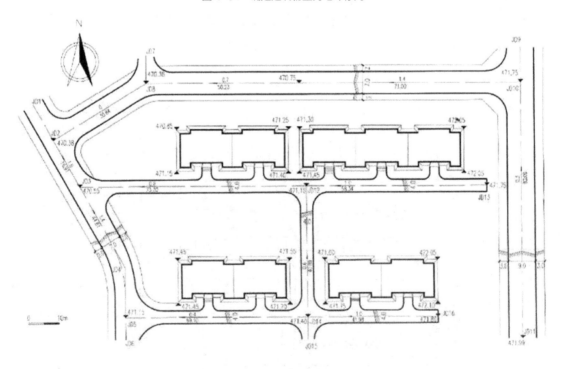

图 4-55　确定道路竖向设计

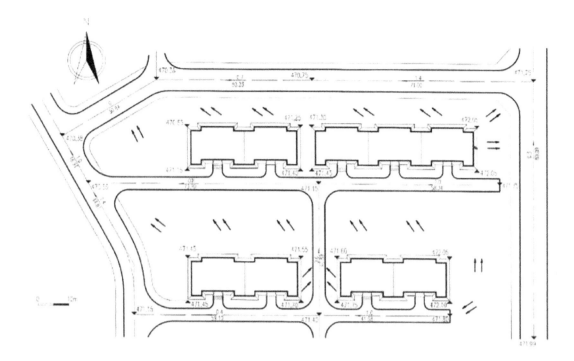

图 4-56 确定地面排水方向

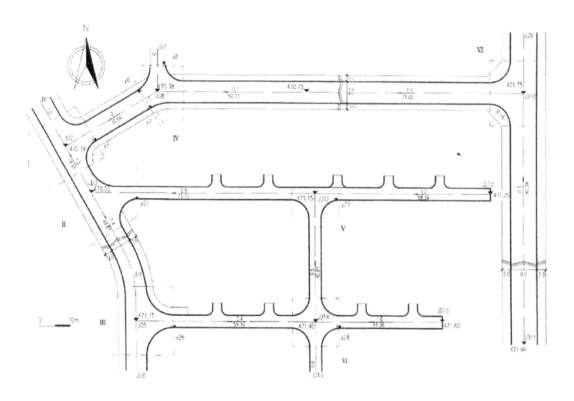

图 4-57 确定交叉口雨水布置

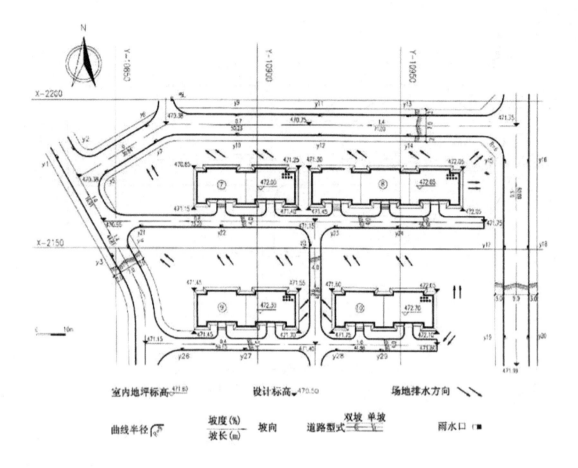

图 4-58　场地竖向制图

（2）进行场地平整时

①确定地形的竖向处理方案

根据场地内建（构）筑物布置、排水及交通组织的要求，具体考虑地形的竖向处理，并明确表达出设计地面的情况。设计地面应尽可能接近自然地面，以减少土方量；其坡向要求能迅速排除地面雨水；选择设计地面与自然地面的衔接形式，保证场地内外地面衔接处的安全和稳定。在山谷地段开发建设时，如果设置了排洪沟，需进行相应的平面布置、竖向布置和结构设计。

②计算土方量

针对具体的竖向处理方案，计算土方量。若土方量过大，或填、挖方不平衡而土源或弃土困难，或超过技术经济要求时，则调整设计地面标高，使土方量接近平衡。

③进行支挡构筑物的竖向设计

对于支挡构筑物包括边坡、挡土墙和台阶等，需进行平面布置和竖向设计。

6.设计地面与自然地面的连接

（1）边坡

边坡是一段连续的斜坡面，为了保证土体和岩石的稳定，斜坡面必须具有稳定的坡度，称边坡坡度，一般用高宽比表示，如图 4-60 所示。

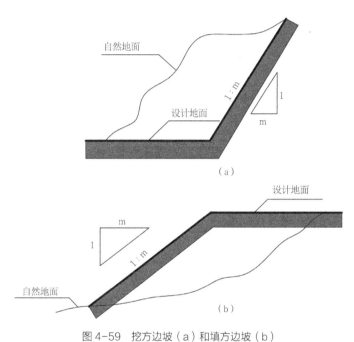

图 4-59 挖方边坡（a）和填方边坡（b）

（2）挡土墙

当设计地面与自然地形之间有一定高差时，设坡后的陡坎，或处在不良地质处，或易受水流冲刷而坍塌或有滑动可能的边坡，当采用一般铺砌护坡不能满足防护要求时，或用地受限制的地段，宜设置挡土墙。

7.铺装场地的竖向设计

在铺装场地的竖向设计上要考虑如下几个方面：

（1）满足功能使用

例如，供多人活动的广场坡度宜平缓，不宜有过多的高差变化，如考虑观演的需要可以在广场局部设置低于或高于周围场地的平台。在铺装长的设计中，有时由于地形因素或为了突出空间划分，会存在一些高差变化。为了满足行动不便者的需求，应提供坡道、护栏等设施。

（2）要有利于排水、要保证铺地地面不积水。

任何铺地在设计中都要有不小于 0.3% 的排水坡度，而且在坡面下端要设置雨水口、排水管或排水沟，使地面有组织地排水，组成完整的地上、地下排水系统。一般坡度为 0.5%~5%，不得超过 8%。

场地内容的适用坡度（%）　　　　　　　　　　　　表 4-11

内容名称	适用坡度
密实性地面和广场	0.3~3.0
广场兼停车场	0.2~0.5
儿童游戏场	0.3~2.5
运动场	0.2~0.5
杂用场地	0.3~2.9
绿地	0.5~1.0
湿陷性黄土地面	0.5~7.0

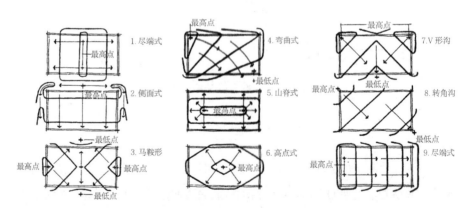

图 4-60　常见的场地排水模式

（3）与现有地形结合

在满足功能使用和考虑排水等因素的前提下，充分利用原有地形可以减少土方工程量，为此在设计时可以让设计等高线尽可能与现状等高线粗略地平行。这样能减少土石方工程量，节约工程费用。

（4）与铺装材料相结合

铺装材料有多种类型，主要分为整体性、块料和粒料铺装。在进行铺装场地的竖向设计时，也要充分考虑不同材料的工程特性以及其与使用功能的关系，在地面上控制好坡度，选择好集水点的布置。

4.4 场地平整（土方平衡）

4.4.1 影响土方工程量的因素

场地中土方的引入、排出以及运输都需要不菲的费用，因此竖向设计中除了考虑功能、美学和生态因素，也要考虑经济因素。一般来说，充分尊重和利用原有地形、适当改造，对场地较小干扰、产生较小的土方量的竖向设计方案才是合理可行的。

影响土方工程量的因素很多，大致包括如下几方面：

（1）整个场地的竖向设计对于原有地形的利用

《园冶》中有："高阜可培，低方宜挖"，意指要因高对山，就低凿水。因此，场地的地形设计应顺应自然，充分利用原有地形，宜山则山，宜水则水。地形造景应以小地形为主，根据原有地形因地制宜地布局相应景点，必要时进行适当的地形改造。

（2）建筑、构筑物建设产生的土方量

在建筑和构筑物建设过程中，场地的挖方、填方所发生的土方量，往往是整个项目土方量最重要的一部分，也是通过合理的竖向设计能有所控制的一部分，因此在选址和建筑形式的选择上可以充分结合地形，随形就势，减少土方。

（3）园路选线对土方工程量的影响

道路的选线要充分结合自然地貌，并采用合适的道路形式，从而尽量少动土方。在坡地上修筑路基，大致可以分为：全挖式、半挖半填式和全填式。

（4）管线布置与埋深

对于断面尺寸较大的雨水沟或者大管径下水管、雨水管，其中水体为重力自流，因此，在竖向设计时既要考虑埋设的坡度、坡向，也要考虑路线长度和深度，以减少土方量。此外，在布置给水管、电力、电信等沟管时，需在满足管线技术要求情况下，合理布局，避开施工不利地段，统筹安排。

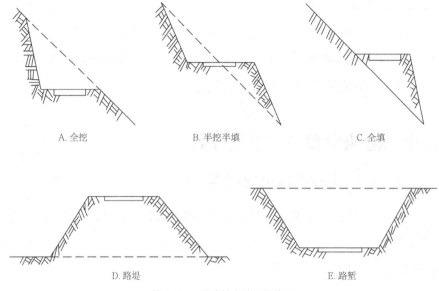

A.全挖　　　　　　　　B.半挖半填　　　　　　　C.全填

D.路堤　　　　　　　　　　　　　E.路堑

图 4-61　道路结合地形的情况

（5）土方运输距离

即使在场内能做到土方平衡，由于绝对挖方量和填方量，以及运输量的大小都会影响总的工程量，因此要缩短土方运距，减少二次搬运。

4.4.2　土方工程量的计算

土方量的计算工作，分为估算和计算两种。估算一般用于规划、方案阶段，而在设计施工图阶段中，需要对土方工程量进行较为精细的计算。

1. 体积公式估算法

把所设计的地形近似地假定为锥体、棱台等几何体，然后用相应的球体积公式计算土方量。

体积公式估算土方工程量　　　　　　　　　　　　表 4-12

序号	几何体名称	几何体形状	体积公式
1	圆锥		$V=\dfrac{1}{3}\pi r^2 h$
2	圆台		$V=\dfrac{1}{3}\pi h\left(r_1^2+r_2^2+r_1 r_2\right)$

续表

序号	几何体名称	几何体形状	体积公式
3	棱锥		$V=\dfrac{1}{3}Sh$
4	棱台		$V=\dfrac{1}{3}h\left(S_1^2+S_2^2+\sqrt{S_1S_2}\right)$
5	球缺		$V=\dfrac{1}{6}\pi h\left(h^2+3r^2\right)$

V——体积 r——半径 S——底面积

h——高 r_1,r_2——分别为上，下底半径 S_1，S_2——分别为上，下底面积

2. 垂直断面法

是以一组相互平行的垂直截断面将要计算的地形分截成"段"然后分别计算每一单个"段"的体积，然后把各"段"的体积相加，求得纵土方量。多用于园林地形纵横坡度有规律变化地段的土方计算，如带状的山体、水体、沟渠、堤等。

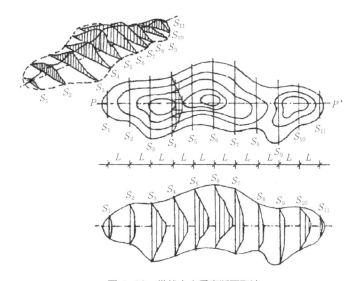

图 4-62 带状土山垂直断面取法

总土方量 $V=V_1+V_2+V_3+\cdots+V_n$

其中 $V_1=1/2\left(S_1+S_2\right)\cdot L$

V_1——相邻两断面的挖、填方量（m^3）；

S_1——截面1的挖、填方面积（m^2）；

S_2——截面2的挖、填方面积（m^2）；

L——相邻两截面间的距离（m）。

3.等高线法

在等高线处沿水平方向截取断面，断面面积即为等高线所围合的面积，相邻断面之间高差即为等高距。适用于大面积自然山水地形的土方计算。

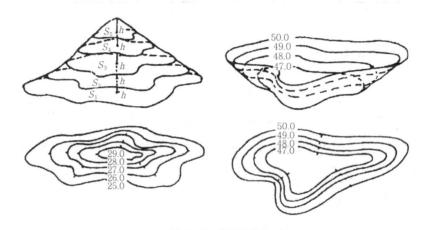

图4-63 等高面法

$$V=（S_1+\cdot S_2）\cdot h \cdot 1/2+（S_2+S_3）\cdot h \cdot 1/2+（S_3+S_4）\cdot h \cdot 1/2+\cdots+（S_{n-1}+S_n）$$

$$\cdot h \cdot 1/2+S_n \cdot h \cdot 1/3=[（S_1+S_n）\cdot 1/2+S_2+S_3+S_4+\cdots+S_{n-1}+S_n \cdot 1/3]\cdot h$$

V——土方体积（m^3）；

S——各层断面面积（m^2）；

h——等高距（m）。

4.网格法

用方格网法计算土方量相对比较精确，一般用于平整场地，即将原来高低不平的、比较破碎的地形按设计要求整理成平坦的具有一定坡度的场地。

工作程序：

（1）划分方格网

在附有等高线的地形图上划分若干正方形的小方格网。方格的边长取决于地形状况和计算的精度要求。在地形相对平坦地段，方格边长一般可采用 20～40m，地形起伏较大地段，方格边长可采用 10～20m。

（2）填入原地形标高

根据总平面图上的原地形等高线确定每一个方格交叉点的原地形标高，或根据原地形等高线采用插入法计算出每个交叉点的原地形标高，然后将原地形标高数字填入方格网点的右下角。

当方格角点不在等高线上，就要采用插入法计算出原地形标高。插入法求标高公式为：

图 4-64　方格网点标高的注写

$$H_x = H_a \pm xh/L$$

式中：

H_x——角点原地形标高（m）；

H_a——位于低边的等高线高程（m）；

x——角点至低边等高线的水平距离（m）；

h——等高距（m）；

L——相邻两等高线间最短距离（m）。

（3）填入设计标高

根据总平面图上相应位置的标高情况，在方格网点的右上角填入设计标高。

（4）填入施工标高

施工标高 = 原地形标高 – 设计标高。得数为正数时表示挖方，得数为负数时表示填方。

（5）求填挖零点线

求出施工标高以后，如果在同一方格中既有填土又有挖土部分，就必须求出零点线。零点就是既不挖土也不填土的点，将零点相互连接起来就是零点线。

（6）土方量计算

根据方格网中各个方格的填挖情况，分别计算出每一方格土方量。

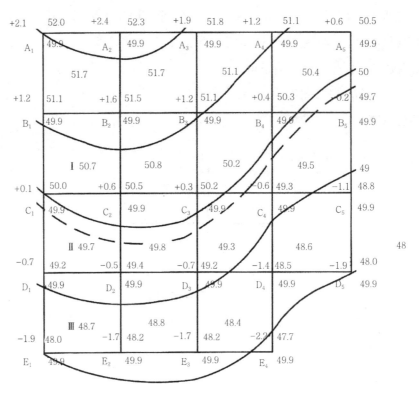

图4-65 方格网法计算土方量

4.5 场地给排水

4.5.1 给水工程

园林绿地给水工程既可能是城市给水工程的组成部分，又可能是一个独立的系统。它与城市给水工程之间既有共同点，又有不同之处。

1.给水工程的组成

室外给水工程又称给水工程，是为满足城乡居民及工业生产等用水需要而建造的工程设施。它的任务是自水源取水，并将其净化到所要求的水质标准后，经输配水系统送往用户。给水工程包括水源、取水工程、净水工程、输配水工程四部分。

（1）水源：选择水源时，应根据设计项目远期发展和周边环境的卫生条件，选用水质好、水量充沛、便于防护的水源。水源选择中一般应注意以下几点：

①生活用水要优先选用城市给水系统提供的水源，其次应选用地下水。

②造景用水、植物栽培用水等，应优先选用河流、湖泊中符合地面水环境质量标准的水源。能够开辟引水沟渠将自然水体的水直接引入溪流、水池和人工湖的，则是最好的水源选择方案。

③风景区内，当必须筑坝蓄水作为水源时，应尽可能结合水力发电、防洪、林地灌溉及园艺生产等多方面用水的需要，做到通盘考虑，统筹安排，综合利用。

④水资源比较缺乏的地区，生活用水使用过后可以收集起来，经过初步的净化处理，再作为苗圃、林地等灌溉所用的二次水源。

⑤各项用水水源都要符合相应的水质标准，即要符合《地面水环境质量标准》GB 3838-88 和《生活饮用水卫生标准》GB 5847-85 的规定。

（2）取水工程：是从地面上的河、湖和地下的井、泉等天然水源中取水的一种工程，取水的质量和数量主要受取水区域水文地质情况影响。

（3）净水工程：这项工程是通过在水中加药混凝、沉淀（澄清）、过滤、消毒等工序而使水净化，从而达到园林中的各种用水要求。

（4）输配水工程：通过输水管道把经过净化的水输送到各用水点的一项工程。

2. 用水类型

（1）生活用水：餐厅、商店、内部食堂、茶室、小卖部、消毒饮水器及卫生设备等的用水。

（2）养护用水：植物灌溉、动物笼舍的冲洗用水和夏季广场、园路的喷洒用水等。

（3）造景用水：各种喷泉、跌水、瀑布、湖泊、溪涧等水景用水。

（4）消防用水：公园中的古建筑或主要建筑周围应设的消防用水。

3. 用水特点

（1）生活用水较少，其他用水较多。除了休闲、疗养性质的园林绿地外，一般园林中的主要用水是在植物灌溉、湖池水补充和喷泉、瀑布等生产和造景用水方面。

（2）园林中用水点较分散。因园林内多数功能点不是密集布置的。

（3）用水点水头变化大。喷泉、喷灌设施等用水点的水头与园林内餐饮、鱼池等用水点的水头有很大差别。

（4）用水高峰时间可以错开。

4. 水源的选择

（1）地表水源；

（2）地下水源（潜水、承压水）。

4.5.2 排水工程

排水工程的主要任务是：把雨水、废水、污水收集起来并输送到适当地点排除，或经过处理之后再重复利用或排除掉。

1. 排水种类

（1）天然降水

排水管网要收集、输送和排出雨水及融化的冰、雪水。这些天然的降水在落到地面前后，会受到空气污染物和地面泥沙的污染，但污染程度不高，一般可以直接向水体中排放。

（2）生产废水

盆栽植物浇水时多浇的水，鱼池、喷泉池、睡莲池等较小的水景池排放的水，都属于园林生产废水。

（3）游乐废水

游乐设施的水体一般面积不大，积水太久会使水质变坏，所以每隔一定时间就要换水。如游泳池、戏水池、碰碰船池、冲浪池、航模池等，就常在换水时有废水排出。

（4）生活污水

生活污水主要来自餐厅、茶室、小卖部、厕所、宿舍等处。这些污水中所含有的有机污染物较多，一般不能直接向水体排放，而要经过除油池、沉淀池、化粪池等进行处理后才能排放。另外，做清洁卫生时产生的废水，也可划入这一类。

2. 排水特点

（1）地形变化大，适宜利用地形排水；

（2）排水管网的布置较为集中；

（3）管网系统中雨水较多，污水管少；

（4）排水成分中，污水少，雨雪水和废水多；

（5）所排水的重复使用可能性很大。

3. 排水体制

（1）分流制排水

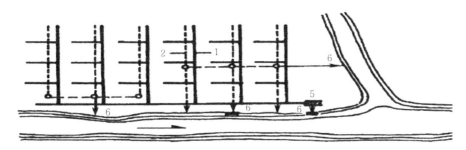

图4-66　分流制排水系统

这种排水系统的特点是"雨污分流"。因为雨雪水、生产废水、游乐废水等污染程度低，不需净化处理就可直接排放，为此而建立的排水系统称雨水排水系统。为生活污水和其他需要除污净化后才能排放的污水另外建立的一套独立的排水系统，则叫作污水排水系统。两套排水管网系统虽然是一同布置，但互不相连，雨水和污水在不同的管网中流动和排除。

（2）合流制排水

这种排水系统的排水特点是"雨污合流"。排水系统只有一套管网，既排雨水又排污水。这种排水体制已不适于现代城市环境保护的需要，所以在一般城市排水系统的设计中已经不再采用。但是，在污染负荷较轻，没有超过自然水体环境的自净能力时，还是可以酌情采用的。为了节约排水管网建设的投资，可以在近期考虑采用合流制排水系统，待以后污染加重了，再改造成分流制系统。

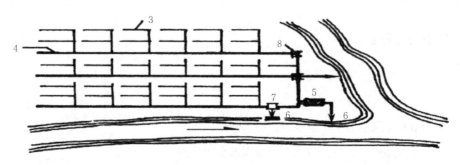

图4-67 合流制排水系统

4.排水工程的组成

排水工程的组成包括了从天然降水、废水和污水的收集、输送，到污水的处理和排放等一系列过程。排水工程设施方面可以分为两大部分：一部分是作为排水工程主体部分的排水管渠，其作用是收集、输送和排放各处的污水、废水和天然降水；另一部分是污水处理设施，包括必要的水池、泵房等构筑物。但从排水的种类方面来分，排水工程则由雨水排水系统和污水排水系统两大部分构成。

（1）雨水排水系统的组成

雨水排水系统不只是排除雨水，还要排除园林生产废水和游乐废水。因此，它的基本构成部分就有：

基本构成部分：

①汇水坡地、集水浅沟和建筑物的屋面、天沟、雨水斗、竖管、散水；

②排水明渠、暗沟、截水沟、排洪沟；

③雨水口、雨水井、雨水排水管网、出水口；

④再利用重力自流排水困难的地方还可设置雨水排水泵站。

（2）污水排水系统的组成

这种排水系统主要是排除生活污水，包括室内和室外部分：

①室内污水排放设施；

②除油池、化粪池、污水集水口；

③污水排水干管、支管组成的管道网；

④管网附属构筑物如检查井、连接井、跌水井等；

⑤污水处理站，包括污水泵房、澄清池、过滤池、消毒池、清水池等；

⑥出水口，是排水管网系统的终端出口。

（3）合流制排水系统的组成

合流制排水系统只设一套排水管网，其基本组成是雨水系统和污水系统的组合。常见的组成部分有：

①雨水集水口、室内污水集水口；

②雨水管道、污水支管；

③雨污合流的干管和主管；

④管网上附属构筑物如雨水井、检查井、跌水井等；

⑤污水处理设施如混凝土澄清池、过滤池、污水泵房；

⑥出水口。

图 4-68　雨水口的构造

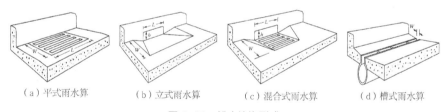

（a）平式雨水箅　　（b）立式雨水箅　　（c）混合式雨水箅　　（d）槽式雨水箅

图 4-69　排水边沟形式

5 场地分类

第五章　场地分类

5.1　城市场地

城市环境给人以一种禁闭和压抑感。或许在这里，市民试图通过掘壕沟、挖洞穴或者建造属于自己的堡垒，从而获得一种安全感。然而，更可能的是，他们想从压力中解脱出来，得到放松。

（1）城市场地地处纷繁复杂的城市环境中。

（2）城市场地功能复杂化、综合化、渗透化，由于占地面积较大，城市用地又比较紧张，因此规划不得不做得很紧凑，以便能够节省出比较多的面积。

（3）城市场地空间有限。在设计中可以通过场地的综合利用和空间的相互渗透来扩展可见空间。

（4）与乡村场地相比，一般城市场地环境中由于超尺度的界面、繁杂污浊的环境、工作的压力，等等，都给人造成一种禁闭和压抑感。

（5）城市场地是经城市街道等串联起来的空间单元。城市街道和人行步道是连接、接近和到达城市场地的主要线路。

（6）城市场地环境受城市的影响比较大。例如城市街道有噪声、烟尘以及空气污染等有碍人们健康的因素。因此，邻街道的城市场地构成要素可以经过恰当的设计削弱不利环境的影响，增加进深，提供私密性和安全性。透漏的视觉屏障以及装饰隔声屏障等对形成良好的城市场地环境有很大作用。

（7）城市场地应对改善城市生态环境发挥作用。由于城市建筑大多是混凝土构成的，在夏天，城市温度经常比周围乡村高许多。因此，场地设计应最充分地利用自然风、树荫、遮阳设施以及借助喷泉、水池等，充分发挥水所具有的令人神清气爽的特性。引导、促进空气运动，通过透空的或是阻隔的屏障，或是经过潮湿的植物、碎石及其他蒸发性的界面，来进一步调节气候。

（8）城市场地的建筑材料综合、广泛。在城市中，所有的材料看来都是外来的，异域的植物和材料等建筑材料也是合宜的。在设计中应将自然特征（树木、有趣的地表形态、岩石及水体等）融入规划设计方案中。

5.1.1　城市广场

城市广场是城市中由建筑等围合或限定的城市公共活动空间。

城市广场有一定的功能或主题，围绕该主题设置的标志物、建筑以及公共活动场地是构成城市广场的三要素。

城市广场是城市空间形态中的节点，被称为"城市的客厅"。

现代城市广场是现代城市开放空间体系中最具公共性、最具艺术性、最具活力、最能体现都市文化和文明的开放空间。

（1）广场的形状

广场面积的大小与形状的确定取决于功能要求、观赏要求及客观条件等方面的因素。

基本形状有正方形广场，长方形广场，梯形广场，圆形及椭圆形广场，三角形、平行四边形、不规则形状的广场，等等。

空间形态也有抬升式广场、水平式广场、下沉式广场等。

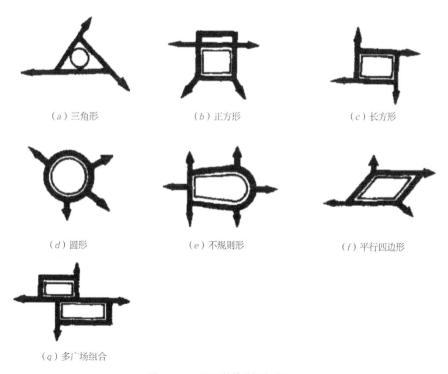

　（a）三角形　　　　　　　（b）正方形　　　　　　　（c）长方形

　（d）圆形　　　　　　　（e）不规则形　　　　　　（f）平行四边形

　（q）多广场组合

图 5-1　不同形状的广场与交通

（2）广场的类型

按照广场的性质可以把广场分为市政广场、文化广场、纪念广场、交通广场、商业广场、宗教广场、休闲娱乐广场、居住区广场和综合性广场，等等。

不同类型的广场有不同的功能和要求：

①交通广场主要考虑组织交通；

②休闲娱乐广场主要考虑需容纳人数的多少及疏散要求。

③文化广场和纪念性广场所提供的活动项目和服务人数的多少。

（3）广场设计的三要素

①形象——景观（场地的大小、形状、文化、尺度、材料肌理、空间的层次）；

②功能——使用（政治、宗教、人际交往、休闲、旅游观光、交通、舒适）；

③环境——生态作用、绿化作用（尊重现状地貌、生态、自然、亲水、环保、竖向设计、综合的设施管网设计）。

广场设计应遵循场地设计的原则，它涉及自然系统、竖向设计、排水、运动、休闲设施、照明、标志、种植、场地铺装、材料、运作、维护、道路交通、停车场等多方面。

（4）广场内涵的延伸

①广场和开放公园的概念渗透

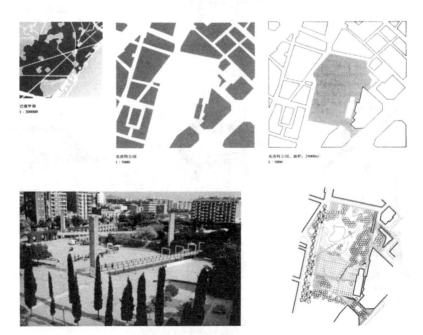

图 5-2　城市广场与开放公园的结合

②场地和绿地的空间渗透

图5-3　城市广场与开放绿地的结合

（5）广场的内容设计

①通达的场地；

②休闲聚会的场所；

③城市家具；

④标志物；

⑤有景观可观赏；

⑥有方便停车的地方；

⑦有角落；

⑧有产生阴影的绿化或生态绿地；

⑨交通方便。

（6）竖向设计

①广场设计坡度：0.3%≤平原地区≤1%；

②与广场相连的道路：0.5%~2%，困难时≤7%；

③积雪寒冷地区广场：≤6%（且出入口处设置≤2%的缓坡）；

④广场符合下列情况，宜采用划区分散排水方式：

a.单项尺寸大于或等于150米

b.地面纵坡≥2%且单向尺寸大于或等于100米。

图 5-4　广场竖向设计

图 5-5　广场台阶设计

5.1.2 儿童游戏场地

儿童游戏场地的设计宜尽可能地保留原有地形，既可以减少后期的改造成本，又能满足儿童天性中亲近大地与大自然的需求。

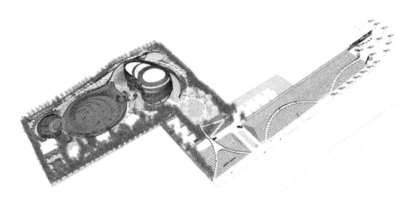

图 5-6 儿童活动场地设计案例

（1）空间组织

考虑场地未来的使用功能，从儿童的角度（0～10岁儿童视高约在0.3～1.2m）观察和感知，最直接的空间限定控制在 0.6m、0.8m、1m、1.8m 这四个高度，形成从开敞到围合的不同空间感受。

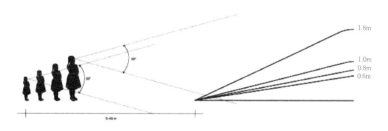

图 5-7 儿童活动场地坡面高度研究

（2）竖向设计

不同高度、不同坡度、不同坡面形式间的组合，为儿童活动带来了多种可能性。

儿童活动场地坡度分类   表5-1

种类	坡度%	排水	特征	难度	可能的活动
平坡	2～3	满足排水需求	舒适性	无难度	踢足球、放风筝、露营、学步
缓坡	3～10	快速排水	趣味性	低难度	翻滚、仰卧、俯冲、爬行、认知
陡坡	10～50	快速排水	探索性	较高难度	攀爬、躲藏、钻洞

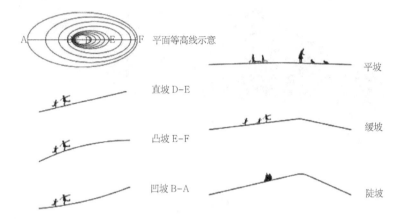

图5-8 儿童活动场地坡面形式

图5-9 儿童活动场地缓坡设计案例

图5-10　儿童活动场地陡坡设计案例

（3）复合功能

专门的休憩平台和能够容纳多种功能设计，使得儿童游戏场地在考虑不同年龄阶段儿童使用的同时，也兼顾了父母看护陪伴、亲子互动、休憩放松的需求。

图5-11　儿童游戏场地的复合功能

图 5-12　儿童游戏场地活动类型

（4）排水方式

能否高效畅通地组织排水，直接关系到雨后能否快速恢复使用以及草坪草的维护管理。

①规划好合理的排水路线；

②控制草坡的坡度在 2% 以上；

③在草坡的两侧分别设置排水沟，并在大草坪较低处集中布置排水。

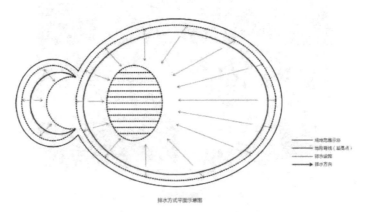

排水方式平面示意图

图 5-13　儿童活动场地排水方式案例

（5）草种选择

草坪作为儿童活动场地设计的基本要素，草种的选择对于场地的最终使用效果有很大影响。一方面，要求草种质地细腻，致密均一；另一方面，需要草种具有成坪快，适应性强，耐践踏、耐修剪、耐热、耐寒、耐旱等特性。

（6）设计案例——"隧道"

钢板板材——螺旋状卷起——切割——现场根据地形再次切割——打磨固定——饰面处理。

图5-14　儿童游戏"隧道"制作过程示意

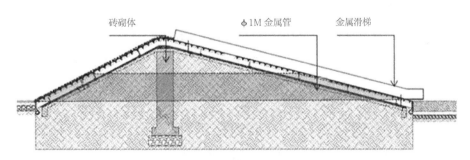

"隧道"草坡剖面示意

图5-15　"隧道"施工过程

图5-16 "隧道"完成效果

图5-17 体验"草坡隧道"

5.1.3 老年人活动场地

1.老年人对场地的需求

（1）声环境

所谓声环境是指老年人生活中经常遇到的声音环境，2008 年实施的《声环境质量标准》将声环境功能划分为 5 种类型：

① 0 类声环境：康复疗养院等特殊场合；

② 1 类声环境：日常生活中的安静区域；

③ 2 类声环境：商贸集市等为主的区域；

④ 3 类声环境：工业生产、物流等对环境产生严重影响的区域；

⑤ 4 类声环境：交流干线两侧的区域等。

给老年人造成困扰的噪声主要有两大类：一是分贝较大的噪声，比如飞机飞行声、建筑工地的噪声、工厂轰鸣声等；二是分贝较小的声音，随着年龄的增加，老年人的视听觉神经出现不同程度的萎缩，导致他们对声音的辨识度降低，对较小分贝的声音反应迟钝，甚至听不到。因此，老年人更加希望待在适宜的 0、1 类声环境中，当然，场地设计中应该考虑建设专门的老年人休闲的声环境。

（2）热环境

热环境主要是指老年人生产生活中的温度环境。热环境影响因素有空气湿度、气温、降水、日照、蒸发等。随着年龄的增长，老年人新陈代谢速度逐渐减慢，导致他们对环境温度的适应能力下降，经常可以看到老年人冬天怕冷、夏天怕热，炎热的夏季经常会听到老年人晕厥的报道，而冬季老年人经常会复发一些类风湿、腰椎间盘突出、心血管疾病等。

（3）光环境

光环境是人类环境中居住必不可少的，没有光环境，人们的生活就会一片漆黑。由于光环境的存在，人们对建筑的体量、周围的空间、植物色彩、座椅材质等得以感知。光环境包括两个部分：人工光线和自然光，自然光主要指太阳自然发光体产生的光线，人工光线则主要是指人工制造的光源，如灯泡等。由于老年人自身的原因导致他们对光线的感触能力降低，更有一些眼部疾病困扰他们，使得他们在昏暗的环境中很难适应，这就是老年人经常亮着灯的原因，有时候一个很大的东西就在附近，他们仍然很难找见。在场地设计中，光环境的营造是影响场地设计的一个重要方面，对于老年人来说，场地中舒适的光照强度才能让行走变得方便。

（4）无障碍环境

无障碍环境，实质上就是畅通无阻的环境，它既是为了方便残疾人、老年人，也是为了畅通正常人的生活。场地设计中的无障碍环境包括内容很多，如入口处应设置无障碍坡道，这样能够方便座椅、拄拐杖及视力不好的人群通行，而针对听觉、嗅觉等感应功能弱化的使用者要通过标识系统、电视屏幕等方式提供无障碍环境。老年人随着自身新陈代谢速度的下降，会出现不同程度的功能衰退，如骨质疏松会导致他们在跌倒时易骨折，视力的衰退导致他们看不清楚没有颜色或材质区分的台阶，听力的衰退导致他们听周围环境声音的能力下降，这些不同程度的功能衰退就会影响老年人对公共设施的使用能力。在场地设计中要注重公共设施的无障碍使用，如台阶的高度、台面的宽度、楼梯的扶手、路面的平整度、公共厕所的数量和位置等，都要满足老年人的需求。

2. 结合老年人特征的场地设计

老年人主要的健身方式是散步或慢跑，也就是说步行空间利用率较高。因此，设计适宜的步行空间对于老年群体十分重要，步行空间涉及的空间内容很多，从园路、台阶坡道，到材料，等等。

（1）园路及铺装

①园路路线的设计应蜿蜒并富于变化，避免一条直线通到底，景观一览无余，不符合老年人的含蓄审美要求；

②园路路面应避免高差变化过急，如果地形条件不好，必须解决较大的高差变化，可以采用台阶或者坡道两种方式解决，最好两种方式并存；

③做好路口无障碍标识设计，如果入口处不方便，可以换到醒目地段；

④园路路面的材料要求坚实，抗压性较好；要求平整，表面要做防滑处理。

（2）地形

地形对老年人利用场地的影响很大，对于行动不便的老年人来说，以轮椅代步是较方便的出行方式，当遇到大的高差时，坡道就成为解决问题的最佳途

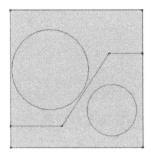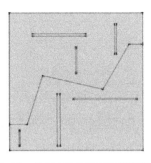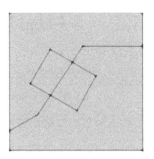

图 5-18　老年人活动场地步行路线设置

径，在适宜老年人的场地设计中，坡道应满足以下条件：

①坡道本身的坡度不能超过 1：12，长度不能超过 10 米，如果超过 10 米，则可以用增加休息平台或者 S 形弯曲解决；

②坡面路面材料应该保持较好的平整度，表面做过防滑处理，且坚硬度够强的材料；

③路面的排水性良好，不能出现被水淹满现象；

④坡道宽度不能小于 0.9 米，如果条件允许，路面宽度最好超过 1.5 米，这样能够方面两辆轮椅同时通过；

⑤较长的坡道要设扶手。

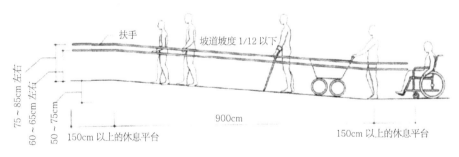

图 5-19　老年人活动场地坡道的尺寸与坡度

当然，除了坐轮椅的老年人外，还要考虑更多生活能够自理的老年人。场地中经常会遇到有高差的场地，由于老年人身体存在较大的个体差异，有些老年人会选择走台阶锻炼身体。台阶的设计就成为一种必要，不仅需要考虑到老年人的跨步步幅，而且还要考虑适合老年人的台阶高度。

5.2 乡村场地

（1）乡村场地地处接近自然的乡村环境中。

（2）乡村场地土地充足，设计可更加开放、自由，视域跨度大，可涵盖远处广阔的景观视野。设计考虑的范围应更大，篱笆墙的几何图案、果园、围场甚至数里外的山峰都可成为设计的条件和元素。

（3）乡村场地由田野、林地、天空组成的开阔视野具有一种自由感，这是乡村景观场地的基本特性。

（4）乡村场地的设计应同自然保持和谐一致，让自然融于设计目的和主题中。乡村场地主要的景观特征已存在，设计重点是体现最佳特征，屏蔽、弱化不太理想的特征，顺依它们而设计与自然形态最佳结合，顺应地形特征的场地利用可以很好地指导乡村场地的组织。

（5）乡村场地的地表形态是强烈的视觉要素。一个充分考虑与地形关系的场地，其本身的力度会增强，同时与地形特征更加和谐。

（6）乡村场地的景观是微妙的——绿色、蓝天交融的田园风光。设计过程中，必须认识到这些特性并恰如其分地处理，否则会浪费美好的景观。

（7）乡村场地里，场地的构成要素及人们更多地暴露于自然要素和天气中——太阳、月亮、风、霜、雨、雪、四季的变化。场地自身都应反映出对气候适应的深入思考。

（8）乡村场地意味着足够的土地和更大的机动性。汽车和行人的道路等设计中的重要元素常常可在场地界限以内安排以展现最佳的场地特征。

（9）应充分利用乡村场地的本土材料。耸立的巨石、田间的石块、板岩、碎石以及木材等形成了乡村的景观特征。建筑、围篱、桥梁和墙壁如采用这类自然材料会有助于加强场地同周围环境的联系。

（10）乡村景观场地的本质特征是自然，不做作。采用的建筑形态、建筑材料等应很好地反映这种自然性，无须过于雕饰。

5.2.1 各种各样的环境单位呈马赛克状分布

城市空间中，有类似于公园中的树林地和高楼之间空地上的草地等各种各样的环境单位。但是，大多是被混凝土和沥青覆盖着的单调环境，自然系统只不过是其中非常少的点而已。而在乡村场地中，农田、林地、村落等各式各样的土地利用形态像马赛克一样地分布着。

乡村环境场地设计根据地形及水系、水文条件、土壤条件等土地特性对土地进行利用，通过这样的呈马赛克状分布的土地利用，产生了丰富的生物相。

当然，各种各样的土地利用理所当然地成为适合于乡村环境条件的生物生活的场所。例如，树林地和草地两种不同类型的土地利用相连接部分因为兼具两方的特性而产生了一种新的环境，在那里可以看到和两种环境相适应的生物的出现。此外，各种各样的环境单位作为一体存在的原因是，复合环境是作为动物栖息地不可或缺的条件。

如蓄水池那样的特殊环境，虽然相互间隔一定的距离，都是维持这个地域物种的重要因素。对于水生生物来说，蓄水池里栖息的个体群和附近其他个体群的存在，有利于种群间的相互供给和交流。

能够形成丰富生物相的构造 表 5-2

空间构成层次	1）各种各样的环境单位呈马赛克状分布； 2）各种各样的环境单位都以一定的规模存在； 3）地形具有丰富的变化
详细层次	1）具有多孔质的表面； 2）在各式各样的场所存在着缝隙； 3）阴影比较多的空间； 4）由曲线和曲面构成的复杂状况

能够形成丰富生物相的要素和乡村场地设计构成要素的对应 表 5-3

能够形成丰富生物相的要素	乡村场地设计的构成要素
各种各样的环境单位呈马赛克状分布	山谷地、蓄水池、竹林、荒地、宅旁林地、寺庙园林、种植林、采伐痕迹地、果园、农家小院
环境单位以一定的规模存在	杂木林、水田、田地、河川、河川附近的草地、果园、蓄水池、采伐痕迹地
地形具有丰富的变化	丘陵、平地、洼地、山谷
具有多孔质的表面	农用道路、山道、杂木林的林床、水田、田地、自然木桩护岸、沙泥河底
有缝隙（有凹凸的地方）	垒石墙、自然木桩护岸、农家屋檐下、竹篱笆、植物栅栏、砾石下
有阴影	杂木林的林床、引水渠的岸边、院里的植物
曲线和曲面构成的复杂情况	草垛、曲折的河流、引水渠

图 5-20　乡村马赛克状的土地利用状态

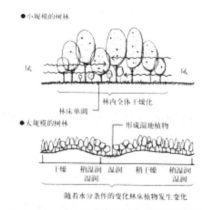

图 5-21　树林的规模引起林内环境的改变

5.2.2　各种各样的环境单位以一定的规模存在

某些特定环境单位的规模越大，越应该对其中产生的环境质的变化给予关注。例如杂木林，如果是具有某种规模的树林的话，即使接近林地的边缘会稍稍干燥，但树林的深处则会变为湿润的环境，产生多种多样的环境质的变化。与此相反，城市用地之间残存的小规模的树林，树林中的林床都处于比较干燥的单一的环境。

另外，蓄水池和河流一样，如果具有一定规模水面的话，可以看到各种各样水态的变化；与此相适应的水生生物在此栖息。

5.2.3　富含变化的地形

城市空间或是由本来地形平坦的场所形成的，或是在起伏的原地形景观人工改造成平坦地形的基础上形成的。极端地说，没有一点微地形的变化，从功能本位来说，由于不能存水而被否定。与此相比较，田园的地形富含变化，特别是在丘陵地的田园中，大的地形起伏和小的凹凸不平随处可见，比平地的田园更具有丰富的生物相。

由于地形的变化引起水分条件和日照条件产生了相应的变化，在这种基础上生长的植物也呈多样化，同时动物相也富含变化。

这些对于丘陵地和山地等大的地形变化来说是理所当然的事，对于小地形的变化来说也一同样。例如，在稻田两侧的小积水洼中的部分也会产生湿性植物群落。

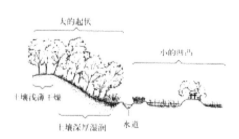

图 5-22　乡村中可以见到的地形变化

5.2.4　具有多孔质的表面

城市空间几乎是被雨水无法渗透的混凝土和沥青覆盖着，几乎连植物生长的余地都没有，随着时间的推移，从沥青的裂缝之间可能露出顽强的植物的枝叶。与此相反，乡村场地则基本上由多孔质的表面构成。

所谓的多孔质表面是指农村的道路、杂木林的林床、耕地、河底等可以看出是由自然材料构成的表面。多孔质表面可以让雨水渗透，成为自然的水循环的最重要因素。

另外，自然材料本身的多孔质表面具有保水能力，植物的根系可以扎入，这样就成了植物的生长环境。

5.2.5 在各种各样的场所存在缝隙

城市空间几乎是连一点缝隙都没有，以在平面上、立体上进行尽可能地高度利用为目标进行建设。相反的是，乡村的建筑物前，石头墙等到处都有缝隙。

具有缝隙其实是和具有多孔质的意义几乎相同，而且，缝隙还可以成为小动物的生息场所。例如，空垒石墙石块间的空隙，除了植物以外爬虫类和昆虫类都可以利用。另外，空隙比较大的地方，山雀等小鸟可以作为筑巢场所加以利用。如果空垒石墙按照适当规模施工的话，会具有相当高的土木构造强度。

5.2.6 具有多阴影的空间

由树木和草本植物形成的阴影引起日照条件和水分条件的改变，从而使植物和动物变得多样。

城市空间里，由建筑物产生的阴影虽然非常多，但阴影落下的地方没有生物的生息环境，只不过是一块比较暗的场所而已。

在乡村，植被非常丰富，到处都能形成阴影。在杂木林的林床上由树木产生阴影，地表面则因为落叶产生阴影。由于有阴影，使水分得到保持，林床上植物得以生长，地表性的昆虫类也得以生存。

图 5-23　城市阴影处和乡村阴影处的不同

阴影的存在引起环境条件的变化，在水边也一样，伸向水面上的树木之下产生阴影，大量的鱼集中在这里。此外，落叶使得水中的有机物更加丰富，可以成为鱼食的微生物也更为丰富。

5.2.7　由曲线和曲面构成的复杂状况

在乡村场地中，由于实施的是与地形相适应的曲线式的土地利用，因此产生很多的空间褶皱，在褶皱部分，可以产生适应于生物的生息环境。

另外，曲折蜿蜒的水道有着各式各样的形态：浅滩、湍滩、水潭、旋涡等，都有与环境相适应的水生动植物生存。河岸的草垄由曲面构成，而且是比较平缓的斜面，因此，对于水陆两区域栖息地的动物来说，是非常舒适的构造。相反的是，为了提高城市河流的流量，护岸是垂直地竖立着，尽可能地处理为直线型的通路，这样的水路因为水态没有变化，从而也不会形成生物的生息环境。

5.2.8　灵活运用原有地形

自然状态下保持安定的大地的形状，即地形，对于当地土地环境的安定具有重要的作用。适合于生活环境、活动环境的自然地形的选择属于环境设计与场地设计的基本事项。乡村景观设计的出发点也是选择适合于开发规划的土地与对最大限度地发挥原地形的潜力的灵活考虑。

乡村景观慎重选择的土地，在不损坏原地形的基本前提下以灵活运用，并利用适地化技术、耕作技术的智慧为基本的大地设计，即乡土景观设计。

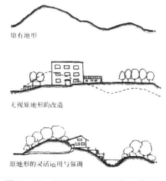

图 5-24　灵活运用地形的大地设计

5.2.9　必要的最小限度的改造地形

通过对土地最低程度的改变，排除了生活的障碍，是最大限度地灵活运用现场所具有潜力的场地设计。

乡村场地设计追求依照自然法则、在视觉上稳定的地形。因此，对自然不进行破坏是乡村场地设计的重要条件。同时，即使以破坏自然作为前提的设计，进行小规模的不会产生危险的、容易进行修复的地形改造，就像农田中的田埂一样，应以人性化尺度的安定为基本要求。

另外，对土地进行改造的情况，不仅不应该违反原地形，而且应力求以强调当地地形为意图的设计。

5.3 自然景观场地

5.3.1 陡坡地

（1）陡坡地是指坡度 < 25° 的场地。

（2）陡坡地的等高线是主要的规划因素。通常采用等高线规划，也就是让规划要素与等高线平行排列。

（3）陡坡地中高程接近的区域形成与斜坡走向垂直的狭带状。

（4）陡坡地中的场地设计，建议采用栅栏形成条带形等狭长的规划形式，以有效利用可供使用的土地。

（5）陡坡地中缺乏大面积平地，须在坡面上开挖或堆垒得到。如果是土质结构，须采用挡土墙或坡度较大的斜面支撑。

（6）陡坡地的实质是高差的存在。建议采用梯田状方案。在多层结构中，各层面可分隔成不同的使用功能。

（7）陡坡地的斜面是一种坡道。因此，坡道和踏步都是合理的规划元素。

（8）陡坡地对于组织车辆交通来说，斜面的坡度可能过陡。沿等高线行进最省力，这表现在一般的道路应是沿等高线方向绕行。

（9）陡坡地具有动态的景观特性。这种场地有利于形成动态的布局形式，坡地有非常吸引人的特性，即坡度的明显变化。通过阶梯、眺望台及挑台的运用，自然坡度的变化得以强化和夸张。

（10）陡坡地本身强调和土地、空气的接触。附于斜面之上的水平元素通常内侧与土地、岩石接触，外端尽头独立于空中。水平元素同土地的交接部分须清楚表达。在悬空的突出一侧，建筑和天空的融合同样应该给以设计表达。

（11）陡坡地的顶部暴露于自然环境中。规划时可开发或创造如同梯田一样的地表轮廓，即：在有充分保护的同时，调整或改动坡地以保持或扩大视域。

（12）陡坡地为景致增添情趣。可将丰富景观的细部而将进行场地开发的工程费用减少到最低，因为如果坡地控制了一片优美的景致，就无须太多别的东西。

（13）陡坡地的斜坡是外向型的。规划方向通常是向外、向下的。由于视线一侧是暴露的，与太阳、风及暴风雨的规划关系应给予充分考虑。

（14）陡坡地具有排水问题。地下水和地表径流必须经拦截和改道，或者让其自由地通过建筑物底部。

（15）陡坡地的斜坡创造出许多珍贵的水景特性。瀑布、跌水、喷泉、涓流和水幕的存在为设计创造了良机。

5.3.2　滨河场地

在大自然的特征中，很少有像河流一样为人们提供更多的趣味和全年的快乐。在河流的沿岸能够发现春前的第一批蓓蕾和树叶。炎热的夏季，在阳光灸热的土地上，河流刻划出一条凉爽清新的通道。秋季，沿着河岸葱翠的植被，看上去具有最鲜艳和丰富的色彩。冬季，河岸的植被提供了鸟类庇护所。

（1）无论何时都不应扰乱河川

河流底部的黏土和卵石，以及受到石头、植物和草保护的河岸，抵抗了侵蚀，使自然状态得以保存。由于河流向四周土壤渗透，维持了含水层提供了地下水。

（2）把河流作为风景特征进行保护

每一条河道都是自我保养和更新的天然花园，应把水道作为珍贵的自然财产妥善地进行保护。

（3）保存现有河流的自然状态

河道能为人们喜爱的开放空间提供灌溉和排涝。自然状态的河床和河岸的形成和发展，实现了许多重要功能，包括土壤的保持、地面径流与侵蚀的抑制和洪水的控制，如水分的吸收、渗透、蒸发，以及为水中的和其他生命形式提供食物和掩蔽等并不明显的功能。无论在何处当河流受到干扰、平衡不能得到调整时，通常会使下游的水道或沿岸的土地遭受破坏。

在打算和需要进行改良时，必须了解这种改良对水流、侵蚀和生态系统的影响，即强调必须在每一区域内进行综合性的水文和生态的勘察。

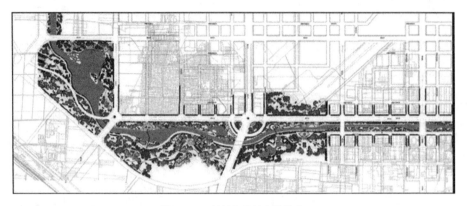

图 5-25　保持河流的自然状态

（4）交通道路平行河流布置

只要地形允许，就应使乘车者和步行者在经过河流时能分享这个环境。平行河流的交通布置能消除许多交叉口，并能使暴雨径流从邻接的土地流入河流。

（5）在紧靠河流的地方提供水边的环形小路

有时，靠近河流的街道和机动车道，最好能布置成一些可以利用的条状地块，这些地块紧靠河流并能眺望它，对河流及其边缘地带进行保护，作为连接学校、公园或其他中心的绿地。

图 5-26　在河边提供步行空间

（6）利用河流疏导洪水

河流是天然的排水道，可以最好地利用河流来疏导洪水径流。理想的方式是使雨水直接流入水道，灌溉沿岸的植被，并有助于补充地下水。

在水道发生周期性洪水的地方，建筑物只能允许规划在百年一遇的洪水水位以上。这样可以减少灾害，减少市政设施被破坏，以及减少对生态的影响。

在洪泛平原内，可规划有不受周期性高水位破坏的林地、农田，甚至车行道路。

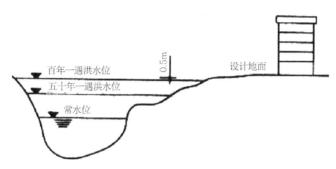

图 5-27　滨水场地设计地面的要求

（7）保持河流的清洁

污水在处理前不应排入河道。携带淤泥流速快的径流，最好是先通过起拦截作用的洼地和池塘。

（8）拯救岛屿和沙洲

岛屿和河床的砂、石堆积物，正在被快速地挖掘而消失。另外航行技术的改进或建筑材料的采掘，正竭尽全力高效率地进行。为判断它们的合法性，必须对一切可能的结果进行评估。一旦将岛屿移走，对社区来说，便永远失去了作为公共绿地的自然保护和天然的界标。

（9）提供沿水道的公园和娱乐用地的完整体系

河流像一条束带穿过大都市地区风景优美的"蓝色道路"，为一些娱乐项目提供了理想的位置，包括小船停泊池、动物园、公共花园植物园、露天体育场、森林保护区、自然的小径，能进一步提高环境价值；沿着支流增加小水塘和移植树木，也能提高环境价值。

作为航道的河流和运河，可以使它们所经过的地区具有令人愉快的形式和结构。

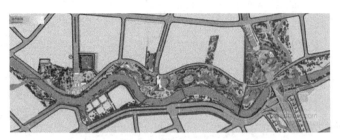

图 5-28　限制车辆在河道上的跨越

（10）设计应与水道相协调

河流、运河和水道是风景中的线性因素。沿着其边缘开发时，最好设计成适合的线形和曲线。沿着水道的汽车路和小路，最好设计成流动而连续动线。

河流边缘的形态和构造直接影响流体动力、水流、沉积、波浪作用、航行以及水质。

图 5-29　使河流成为社区的特色

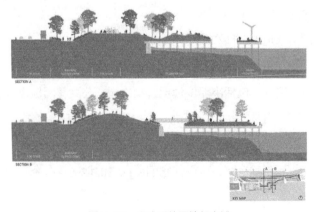

图 5-30　码头延伸至航行水域

（11）保护和提高水质

河流是污染物的主要贮藏所和搬运者，所以必须在一切地点防止污染。几乎在每条河流系统中，都相当程度上含有一些主要污染物。其包括：

①沉积物。由于土壤的侵蚀、不科学的耕种和无控制的建设，将土壤和矿石的颗粒引入河流，导致整个流域的破坏。这种沉积物使水变色，进入水道、湖泊、水库和港口，使鱼类养殖物窒息，并因阳光无法穿透而减少水的通风。

②植物营养物。当污水、工业废水或从农田肥料的滤出物产生的大量氮和磷酸盐的浓缩物排入河流时，水藻便激增了。它们取代了鱼和天然水生植物，于是促进了营养佳良状态。

③分解氧（还原氧）废水。鱼、水生植物的生存和好的水质，都需要水中存在的自由氧。这种充满活力的要素，被进入的污水、动物粪便、食品加工厂和其他工厂的废水消耗掉。大多数河流的下游是缺氧的。

④传染性生物体。引起疾病的动因如大肠杆菌、病毒，是从污水和食品加工厂以及包装厂产生的废水进入河流的。人接触它便受到传染。

⑤有机化学药品。许多新的合成农药、洗涤剂和工业化学药品，对鱼、植物和栖息于水道的动物而言是有毒的。有些甚至在低浓度时也有毒。有些产生恶臭造成变色。它们大多数对常用的水处理方法产生抗性。

⑥矿物和无机化学药品。采矿、石油工业、农业和制造工业的副产品，主要由微量金属、盐、酸、石油以及其他化学合成物组成，对人有害。

⑦热。热污染降低了水吸收氧、破除污物或维持水中生物的能力。大多数热水是由工厂和电厂排出的，因为这些工厂需要大量的水进行冲洗和冷却。

5.3.3 池塘、湿地

（1）保护池塘和湿地

池塘、湿地和它们所维持的植物除了具有贮存淡水和过滤的作用外，还为鱼和野生动物提供了繁殖的场地、调节昆虫的数量和为鸟类提供巢穴。

（2）把湿地纳入地区的公共绿地系统

把湿地纳入公共绿地系统，使它们成为公共绿地的组成部分，可促进人们对湿地的利用。

图 5-31 把湿地纳入公共绿地系统

（3）把湿地纳入公路用地内

将湿地作为风景特征或制止路边开发的缓冲地带，纳入公路走廊中。这种方法有许多好处，能利用边缘土地使公路噪声和眩光减至最低。不需要昂贵的防护措施或遮蔽种植，从路肩上留下来的暴雨能直接流至水道，而不必进入巨大的暴雨下水管道系统中。"美化"一条公路的最好方法不是用"园艺花卉"去装饰，而是在确定公路的位置和设计时，要着眼于保护和提供景观，使道路在具有自然特征的风景中穿过。

在许多城市化地区，公路走廊给予了保护乡土植物最后的机会，为野生生物提供了庇护所。

图 5-32 把湿地纳入公路用地之内

5.3.4 湖泊、水库

在拥有天然湖泊和大型人工水库的地区，对这些水体进行切合实际的规划和管理，能提高整个区域的景观价值。

（1）保存自然的特性

由于人们对以水为基础的娱乐有很大的要求，所以不能再把湖泊和水库作为禁区来处理。

①为了保存岸滩和沿岸的植物，需要建筑物后退，开辟、清理或"改造"临湖地段。

②严格执行适宜的给、排水条例。

③恰如其分的土地规划。

④提供频繁使用的车行进路、并附设停车场和船坞设施。

⑤设立公共所有的自然资源保护区。

（2）将建筑物组成组群

在临湖地带和树林中，将建筑群组成邻里，用这种方法代替沿岸线或沿路边呈条形开发的传统方法具有许多优点。由于分担了水源、处理系统，船坞和湖滩改造设施的建设与经营，实际上降低了造价，能节省大面积的自然风景地区。

图 5-33 临湖地带建筑物组群布置

（3）充分利用岸边土地

人们常常对岸边土地价值的认识不够充分。恰当的土地利用规划和道路规划，能增加资源的享用。

（4）将人工水体规划为最适宜的形态

许多水库、挖掘的坑洼和控制池，都能用于双重目的。对这些水体的规划设计，不仅要考虑其基本功能，而且要考虑视觉质量和发展潜力等重要因素。

（5）为人们提供景观和通至水边的进路

一个地区的吸引力在很大程度上取决于人们从公路上能看到什么的问题。因为在自然形象中很少有像水体那样大的吸引力，所以望过水面的风景和沿着岸边通至各处的公共入口，应为全体市民和旅游者所共享。

（6）控制水面和岸线的使用

当考虑按照最高要求和最佳状态利用湖泊和水库时，可以像对任何土地和交通道路一样进行有效的设计和土地分区。设计和分区通常包括湖泊、水库土地再划分，环境卫生的控制，水位降低的限度，水面的利用以及其他事项。

（7）防止淤积和浑浊

成千上万的湖泊、水库的污染和破坏，是由水中悬浮物所造成，而这些悬浮物是由流域内的农田、荒地或新开发地区等未受控制的侵蚀而形成的。

（8）禁止一切形式的污染

许多水体，包括池塘、水库，甚至是面积广阔的湖泊，实际上已经变成污水池，危及健康，水已变色有恶臭。或者说，这些湖因缺少氧这个巨大的净化物而"窒息"。一般说来，一个湖泊的氧气量，是依靠水面的通风和依靠水上植物与水藻内进行的光合作用而不断补充。污染破坏了这个过程。

（9）保护水体健康

当水中对氧的需要超过氧的补给时，植物和动物分解变成嫌气细菌（无氧），并放出令人恶心的腐败气味。未分解的碎屑集结起来，破坏了水底部的饲料供给和产卵基床，池塘和湖泊变浅和变得较暖，最后变成了湿地，继而变成干地。这种现象称为"营养佳良状态"，它产生于自然缓慢增加的营养物和被河川的支流冲下来的或者由周围土壤过滤出来的营养物。

一个池塘或者湖泊的营养佳良状态，是一种因生态演替而产生的自然老化过程。因为这个过程是以营养物的总量和生产力为基础的，所以受到人类活动的强烈影响。

　　由于遭受了人为的污染，大大加速了这种营养佳良状态的过程。营养物和其他投入的污染物增加，是包含农田的粪便、肥料和农药的径流，以及城市污水、固体垃圾、工业油脂和化学药品等所产生的副产物。水中的氧容量在变质的过程中被耗尽。起先是底部，不久是整个水体腐败。

　　一些遭受大量污染的湖泊，在不到十年期间已从健康变成腐败的状态。只有严格的污染控制才能停止和改变这个趋势。

　　（10）使"垂死的"湖泊恢复活力

　　一旦水污染得到控制，水体的质量和活力就可以用多种方法使其恢复。主要包括：

　　①水在返回水源之前进行再循环利用和净化利用。

　　②与高地蓄水池和流域的拦截水塘进行有控制的、季节性的连通，使水体的水量充沛。

　　③从潜水层中泵入新鲜的补充水。

　　④按照科学，在监督下进行疏浚。

　　⑤用机械移走有害的野草。

　　⑥进行化学处理和控制。

　　⑦将水的边缘重新整形，以使阳光透入。

　　⑧减少空气污染以促进光合作用。

　　⑨为增加水面通风，有选择地切开水边的树林，以引导侧向风和微风。

　　（11）利用贮备灌溉水库发展娱乐场所

　　过去为控制洪水、发电、水土保持而建立的、遍布农村的无数水库，现在也为人们提供了钓鱼、划船和游泳的场所。水库水体大，足以作为公共利用之地，应指定并取得充分而适合的土地，以供与水有关的一系列娱乐活动之用，包括森林保护区、野生动物禁猎区、野营区、游船停泊区、浅滩区和郊游区等。景色优美的入口道路、停车场地和游船下水坡道也是重要的组成部分。

　　（12）保留城市中的临水地带

　　城市居民和游客，将有机会享受到风景和水边的乐趣。保留这些土地和水体作为整个大都市地区的娱乐场所有很大好处。

图 5-34　城市临水地段保留作为公共赏景和娱乐之用

5.3.5　海滩、沙丘

沿着大陆边缘，在陆地和海洋交接的地方，波浪破坏了多沙的沙滩。在沙滩补给充足并有强风的地方，朝大陆方向可形成高起的沙丘。个别情况下，这些沙丘能高出平均海平面 150 米。一般来说，沙丘大多呈低矮起伏状，并且在不停地运动。细粒的沙在朝风的一面被抬高，在背风的一侧落下，达到一定的休止角后稳定下来。因为新物质的增加，使沙丘渐渐向内陆伸展，在它前进的道路上，任何东西都能被覆盖和被窒息。

通常，沙丘向内陆的漂移或多或少因稀疏的藤本植物网的羁绊而受到阻挡，或被植物的须根阻挡。当脆弱的覆盖物被破坏，使干燥的沙无遮蔽地被风吹袭时，沙丘的漂移便加速了——道路被阻塞，庄稼地被覆盖，或者宅地被淹没。

完全由自然力形成的沙滩、沙丘以及伴生的潮汐湿地，具有阻止风和海水危害的弹性缓冲作用。大量的潮水和巨浪的冲击力，在斜坡形的沙滩面上被破碎、消散，从而抑制了海岸的侵蚀和倒退。沿海岸的任何一点，从浅滩到水边、沙丘，再到山坡的草地和森林，形成的断面表现出不可思议的、运动和平衡的力的体系。应该尽可能使海岸保护其自然状态，不允许可能引起重大改变的对海岸的利用。

（1）保存起屏障作用的岛屿

自然形成的岛屿形状，对吸收海洋的风暴力和保护内部的海岸线有益，它们像形成风和潮流一样是动态的，在这种缓慢移动的沙子上进行建筑是不可行的。企图用堤岸或其他工程结构物去稳定它们，费用巨大——并且最终是无效的。

（2）保护覆盖沙丘的植物

必须无条件地禁止在沙地上行驶轻便马车、拖物的自行车或摩托车，应为它们保留单独的使用线路。它们不仅对海滩上的人们具有危险性，而且会划伤使沙丘紧密结合的草地与藤本植物。赤脚的游玩者也必须远离易受伤害的、使沙丘漂移稳定的植物。

（3）提供跨越式道路

沙丘和河口湾的保护措施是，以较密的间隔提供公共进路。与限定的停车区相连的进路最好采用限定边界的步行道或桥，其位置应恰当地朝向陆地。应当在跨越式小路的起点处做恰当的标志，表明需要保护的自然系统。

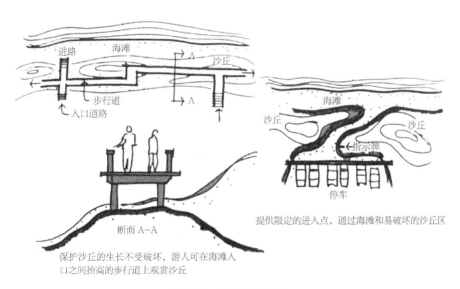

图 5-35　海滩跨越式通道

（4）建立适当的退后线

只有在专家研究之后，才能确定特殊情况下向海一面耕作的或土地开发的界限。每一个建设者或设计者有责任去证明他所规划方案的优点。

设计中应考虑适当的保护，可将小路、建筑物，或其他结构物完全紧靠沙丘、潮汐水湾或港湾布置。然而，沿着公共海滩，在朝海方向的平均高水位线以下，或在海滩线与前沙丘之间，绝不允许进行任何类型的开发。

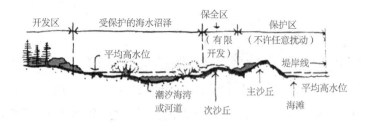

在天然的平均高水位线以下的土地，应归公共所有。建筑物自海滩的退后线，在主沙丘处应延伸到沙丘向陆地一侧的根部，或延伸到高产线或沙丘发展基本稳定的地方。在保全区内，只有比较重要的风景特征得到保护时，才可以进行有限的开发

图 5-36　沿海沙滩的开发方针

（5）按照自然的约束，设计与海洋有关的结构物

海滩前沿、沙丘和潮汐湿地等场地，有许多特殊的条件需要考虑，包括抵抗风和浪作用、洪水泛滥、自然植被的保护，以及对海洋和海湾生态的影响。

（6）规定海滩利用的容量

海滩所能经受的利用总量是有界限的。任何类型的过度利用，如划船、钓鱼、游泳、日光浴，甚至是采集贝壳，最终也会降低或破坏资源的质量。只有对每一地区做出详细的生态调查之后，才能规定海滩利用的容量，然后根据自然的特性、海滩的宽度和利用者分布的类型，确定旅游者的数量。通常旅游者的人数可以由所提供的停车空间和入口点的数量来确定，在其他情况下可能需要对旅游的小时数作出规定和控制。

（7）阻止海滩侵蚀

每年都有很多有价值的临水地带因浪和风的作用而消失。为了提供可靠的设计方法，需要进一步研究相关正确的技术。

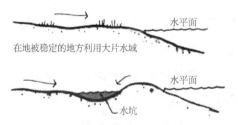

利用大片水域或渗透的方法，将暴雨径流引至海湾、水道或湿地。

在侵蚀和污染造成问题的地方，将暴雨径流引至水坑或渗水的地层，能够避免无控制地从暴雨下水道中排洪所造成的严重破坏

图 5-37　阻止海滩侵蚀

（8）控制海墙和防波堤的设置

只有将海堤、海墙和防波堤作为整个地区海滩改良计划的一个组成部分时，才能允许其建造。这些措施可能有效地稳定或逐渐扩大海滩，也可能引起灾害。一条防波堤既能逐渐形成一个海滨沙滩，也可能使海滩彻底毁灭。

（9）重新修补被侵蚀的海滩

因风暴或因人为破坏，在水湾或水边缘造成海滩被冲掉的地方，有可能使之恢复。根据水文学的研究，一条稳固的水边线和海滩的轮廓线，常常可以用拖运来的材料放在海滩底，或用泵从海底吸出沙子覆盖等方法使之恢复。

然而，许多付出高代价的海滩和海岸的"改良"实验证明：使工程建设充分后退，海岸线不受扰动，让大自然按照自己的规律活动。

6 习题集

第六章 习题集

6.1 最大可建范围

案例1

（1）设计条件

①某地区的地形、地物如图所示。

②已有树木不得破坏，洪水淹没线标高为11.0m；距溪流中心线6m和海岸线10m，以及坡度大于10%的地带均不得进行建设。

（2）任务要求

绘出最大可建范围线，并用网线表示。

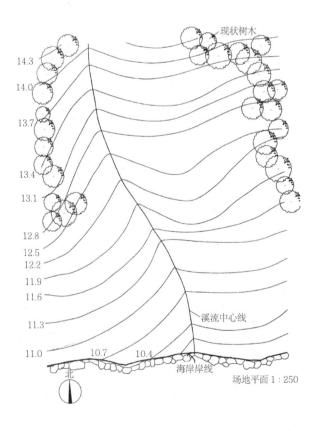

场地平面1：250

（3）解题要点

①沿已有树木外援画出可建线。

②距溪流中心线6m画出可建范围线（垂直距离）。

③距海岸线10m画出可建范围线（垂直距离）。

④已知等高距为0.3m，当坡度为10%时，其等高线间距应为3m。

⑤按所示的1:250比例量取一线段，以此线段在图中相邻的等高线间找出等高线间距为3m处，其与等高线的连线即为可建范围线。

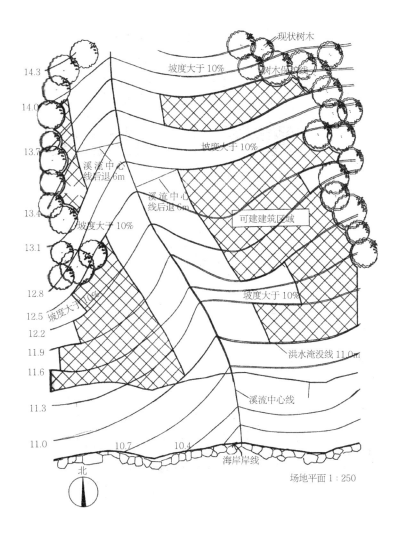

场地平面 1:250

案例2

（1）设计条件

①某用地等高线如图所示，为了不破坏自然地貌，规定自然坡度大于

20% 的地段不得作为建筑用地。

②距河流中心线 15m 范围内为绿化用地。

（2）任务要求

绘出最大可建范围线，并用网线表示。

6.2　调整等高线

案例1

（1）设计条件

①原有地形等高线如图中虚线所示。

②北部的原有树林不得破坏。

③南面与其他场地相邻。

（2）任务要求

修改等高线并用实线表示，新的地形应满足下列要求：

①停车场铺砌地面向外排出雨水的坡度为 2%。

②停车场铺砌地面的边缘应与相邻地面齐平。

③停车场和场地雨水的排除，不得流入南邻的他人场地内。

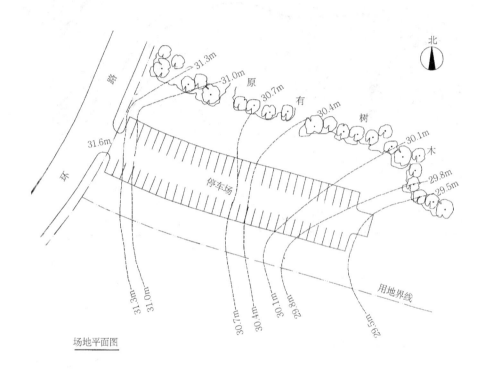

场地平面图

（3）解题要点

①首先应明确：图中原等高线的等高距为 0.3m，欲使停车场地面形成 2%
的排水坡度，则修改后的新等高线间距应为 0.3m÷0.02=15m。

②为使停车场地面向外排水，应以其纵向轴线为"山脊线（分水线）"。此
脊的最高点即停车场入口处的已知标高为 31.6m，从该点开始沿轴线向低方向
每隔 15m 可画出新等高线在停车场内的控制点。

③相关的新等高线则以此点为底点呈向低方向凸出的凹线，从而形成双坡
向外排水的地面。

④为满足不破坏原有树木和排水不得流入南邻场地的要求，新旧等高线自
然应在邻用地界线及树林内侧衔接。

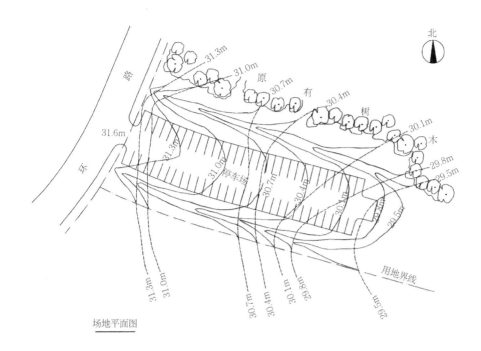

场地平面图

案例2

（1）设计条件

①某山区道路北侧为人行道和排水沟。

②设计的观景台位于道路北侧的山腰上，其地面四角的设计标高为100.3m，并通过登道跨排水沟与人行道相连。

③道路南侧设计停车场一座，其纵轴南北两端的地面设计标高分别为97.2m和97.8m。

（2）任务要求

①修改等高线使停车场内的地面坡度为2%，并保证雨水仍可排入两侧的自然冲沟。

②修改等高线以形成观景台,并保证雨水沿其两侧的自然冲沟流入排水沟。

③均不设置挡土墙。

（3）解题要点

①欲保证停车场地面坡度为2%，必须修改穿过停车场的97.5m和97.0m两条等高线。

②根据停车场已知的97.8m和97.2m标高点，可求出97.5m新等高线在停车场纵轴上的位置。以此点为底点画向低方向凸出的曲线与两侧原有97.5m

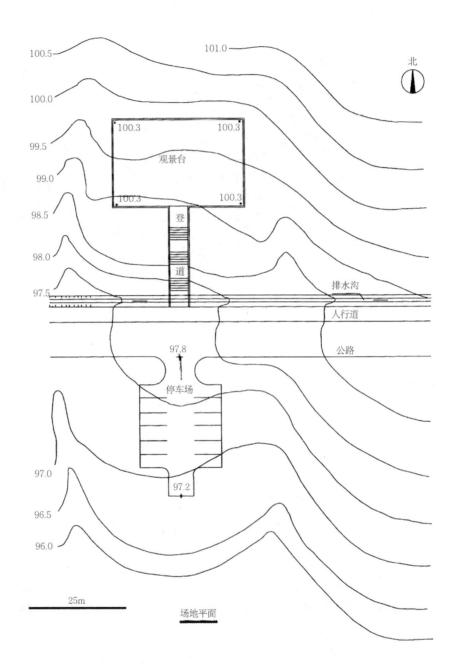

场地平面

等高线相接，即形成新的 97.5m 等高线。

③原等高线的等高距为 0.5m，欲使停车场地面坡度为 2%，则等高线间距应为 0.5m÷0.02=25m。沿停车场纵轴，由其上新的 97.5m 标高点，向下量 25m，可得 97.0m 新等高线的控制点。以此点为底点画基本平行于 97.5m 新等高线的曲线，并与两侧原 97.0m 等高线相接，即形成新的 97.0m 等高线。

④新旧等高线相接点的位置，应尽量不破坏停车场两侧自然冲沟的原生形态。

⑤欲形成观景平台，必须修改 99.0m、99.5m 和 100.0m 三条等高线。

由于观景平台的地面标高为 100.3m，大于上述三条等高线的标高值，故修改后的三条新等高线应位于观景平台的两侧和下方。

⑥为形成要求的雨水通路，新等高线应在观景平台两侧形成冲沟。特别是新等高线还应绕至观景台的上方，形成谷顶，截流高处留下的雨水，并引向两侧的冲沟内。至于谷顶的位置，不一定在中间，偏一侧也可以。

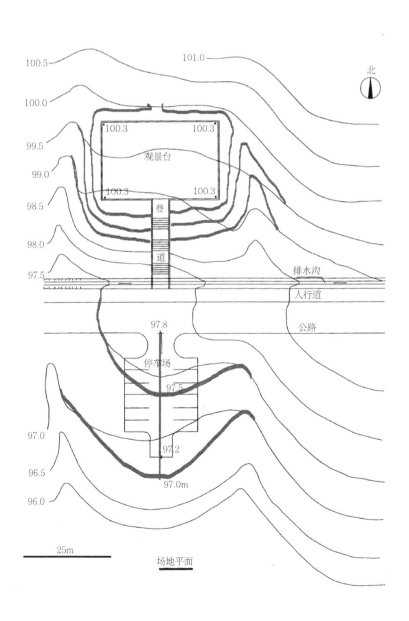

场地平面

案例3

（1）设计条件

在路边坡地上拟建景亭一座，其地面标高为68.7m。用地范围及现状如图所示。

（2）任务要求

①沿景亭四边外扩2m形成平台，其标高应低于景亭地面0.5m。

②在平台的两侧形成流向城市道路的排水沟。

③车道形成5%的纵坡（不设横坡）。

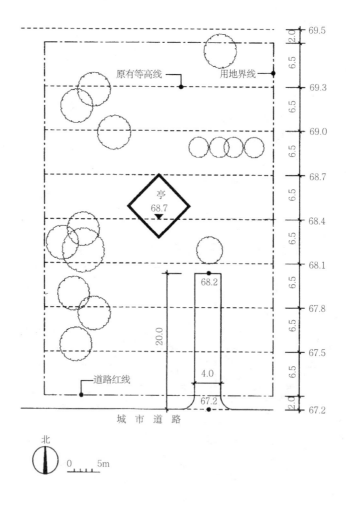

（3）解题要点

①已知原有等高线的等高距为0.3m，当车道纵坡为5%的时候，其等

高线间距为 0.3÷0.05=6.0m。由路口 67.2m 等高线向上按此间距即可画出
67.5m、67.8m 和 68.1m 三根路面等高线。

②因路面不设横坡，故三者均为水平直线。从等高线的两端向外延伸，形
成流向城市道路的排水沟后，与原同名等高线相接。

③已知平台地面应低于景亭地面 0.3m，故平台标高应为
68.7-0.3=68.4m。距景亭四边 2m 画 68.4m 等高线，并在东北和西北两侧折
返与原 68.4m 等高线相接，即可形成平台两侧的排水沟。再调整 68.7m 和
69.0m 两根等高线，以形成排水沟的顶部。

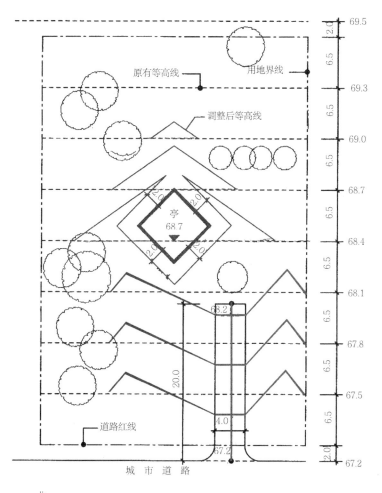

6.3 路径选择

案例1

（1）设计条件

在保护山体与植被条件下对某一自然风景区进行场地开发。

（2）任务要求

从公路边的 A 点到高地 B 点，开出一条坡度不超过5%的最短便道。便道宽度1.2m。

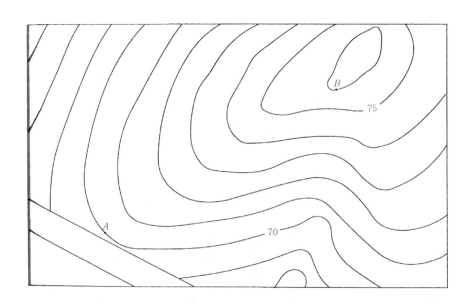

（3）解题要点

①根据等高距（h=1m），求出5%坡度的最小水平距 d=1÷0.05=20m，以 d 为半径，自 A 点开始向 B 点以此截取各等高线定点。

②连接各点。

③由于每次截取时往往为两点，所以选线方案可能有两种。

④当截取时如未能与下一条等高线相交，说明两条等高线间任何两点的坡度都相遇5%，只要根据最短线路方向直接连线就可以了。

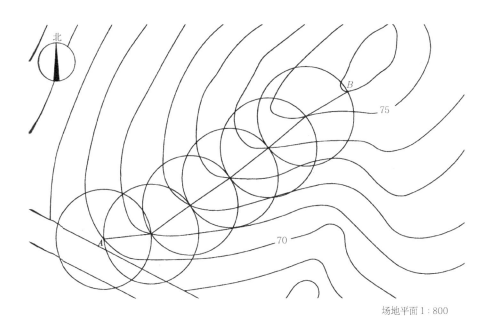

场地平面 1 : 800

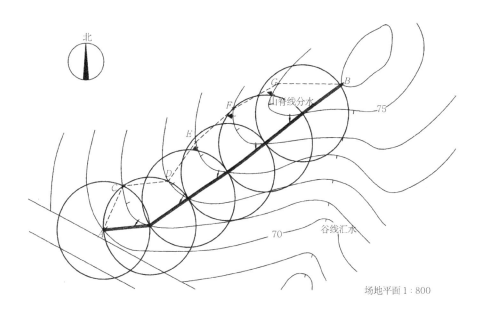

场地平面 1 : 800

6.4 场地地形

案例1

（1）设计条件

某场地平面形状及尺寸如图所示。

场地周边标高相等，均为 10.5m，但向内向上微坡，其坡度 i=0.025，场地内有 a、b 两点。

（2）任务要求

绘制场地等高线，等高距 h=0.05m。

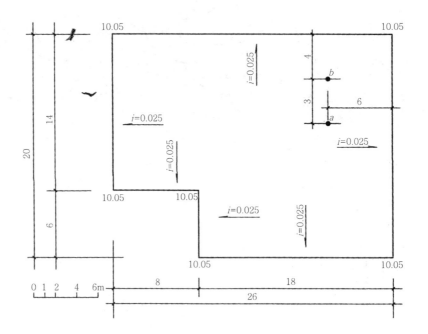

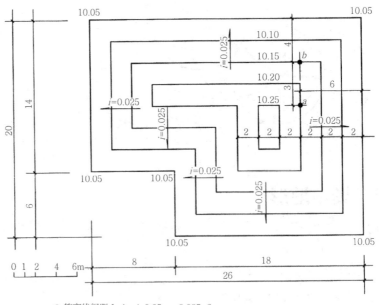

● 等高线间距 $L=h \div i=0.05m \div 0.025=2m$

（3）解题要点

①等高线间距值（L）＝等高距（h）÷坡度（i）＝0.05÷0.025＝2m。

②以2m为间距从场地周边向内画平行线，依次相垂直相交，即围合成场地的等高线。其标高值从边线起递升为10.05、10.10、10.15、10.20、10.25。

6.5　场地绿化

案例1

（1）设计条件

某场地北邻城市道路，内有办公楼一幢，垃圾点一处，停车场地一块，将进行场地绿化设计，相关条件如图所示。

（2）设计任务

使用给定的植物种类图例进行场地绿化布置，满足下列功能和景观上的要求：

①创造街道景观，并限定人行道空间；

②减少冬季风对建筑物的影响；

③丰富建筑北立面的景观效果；

④将垃圾点掩藏起来；

⑤使人流从给定的步行道进入建筑；

⑥将场地围合起来。

（3）解题要点

了解和掌握有关场地绿化的相关知识。

①创造优美的建筑环境，丰富建筑及街道景观。

②利用绿化防风。

③利用绿化围合与分割空间。

④根据场地情况正确使用树种。

⑤利用落叶乔木做行道树，以增强街道景观，同时限定人行道空间。

⑥在建筑西北角密植常绿乔木，达到防风目的。

⑦建筑北侧行植风景树，丰富建筑空间效果。

⑧为了遮挡垃圾点，又不影响整体效果，使用小乔木和常绿乔木间植。

⑨根据人的心理与行为特点，运用绿篱限制行人斜穿场地进入建筑内部。

⑩ 在场地中的散步区内植风景树，创造优美环境。

⑪ 运用行植常绿乔木围合场地。

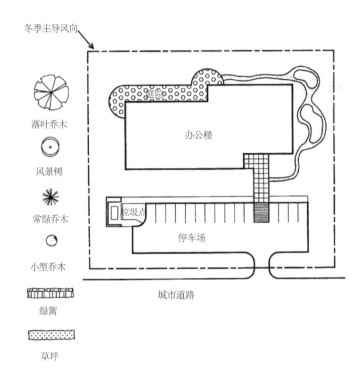

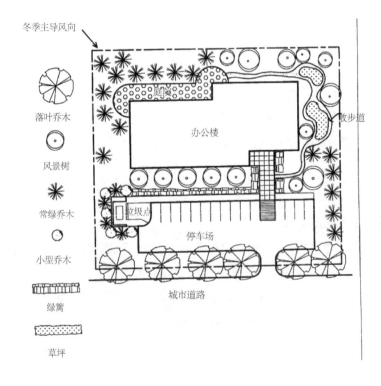

案例2

（1）设计条件

某餐馆场地平面如图所示,根据所提供的植物种类图例进行场地绿化设计。

绿化布置时应满足下列要求:

①丰富餐馆南侧入口的景观;

②将垃圾点与城市道路、停车场和相邻地块隔开;

③使室外餐位免受夏季烈日和冬季寒风的影响;

④强调并限定现状的入口通道;

⑤在室外餐位和城市道路间设隔断;

⑥增强停车场地的空间感;

⑦围合场地空间。

（2）设计任务

使用所给定的植物种类图例进行场地绿化布置。

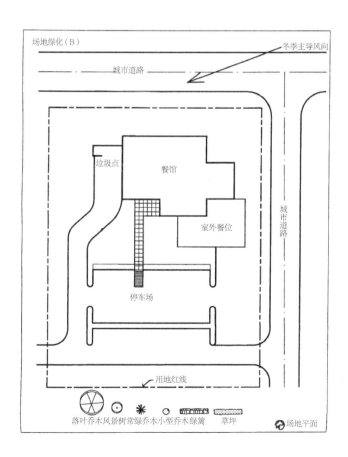

（3）解题要点

能够综合运用不同的植物种类，根据不同绿化特点和设计意图布置场地绿化。

①餐馆南入口绿化设计，运用不同高度的绿化，有层次、有重点地布置。以景观效果为出发点，利用绿化在高低、尺度空间距离上的不同，创造与入口功能相适应的环境。

②用常绿乔木隔离垃圾点。

③在室外餐位的南侧布置落叶乔木，东北方向种植常绿乔木，以抵御夏日炎热和冬季寒风，在其与城市道路间设常绿乔木形成隔离带。

④用绿篱限定入口通道，减少行人的斜向穿越。

⑤运用高大落叶乔木限定停车场地。

⑥使用各种树木进行场地空间围合。

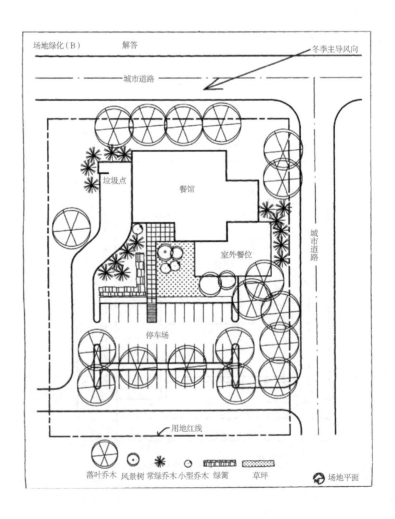

6.6　小型场地设计

案例1

（1）设计条件

某景点需增设停车场一处，以及联系公路与观海亭的小路。

扩建过程中应考虑以下因素：

①停车场后退东侧、南侧红线各6m，并选择在地势平坦处。

②保持现状自然地形、地物和树木。

③增建小路的最大坡度为5%。

（2）设计任务

在给定场地干道上绘出、标注说明所有设计内容以满足要求：

①设10个停车位（其中包括两个残障车位，标准停车位3m×6m，残障车位4m×6m，通道宽7m）。

②用数字标出停车位。

③小路宽度为2m，在跨溪流处设桥。

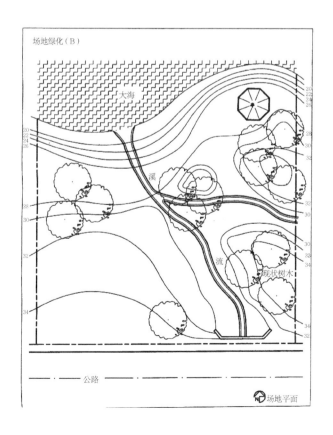

（3）解题要点

本题考查对场地设计中所涉及的问题分析理解和解决的能力，为综合性训练。

①绘出所有红线后退范围。

②根据要求布置停车场。停车场设计应满足相关的规范规定和技术要求，用数字符号标明停车位。

③分析现状地形，确定小路的位置。由于其最大坡度为 5%，且场地内树木应保留，故该路的路线具有确定性。

④设置必要的桥梁。

⑤标注，说明设计要素。

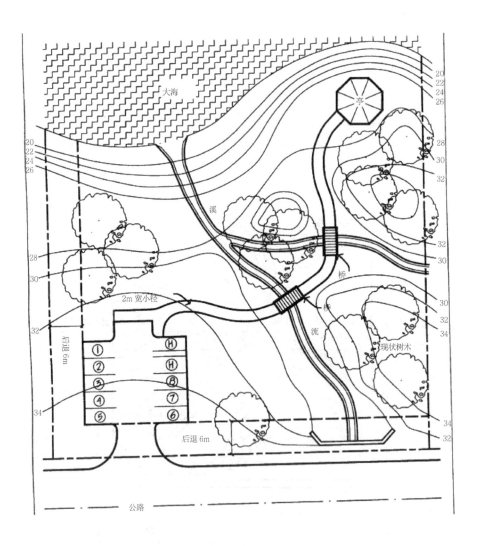

案例2

（1）设计条件

在城市主干道的西侧拟建一组纪念性建筑群。其用地环境如图所示：有山丘一座，并于临河、山腰及山顶形成三处台地。山下为河，河上有桥。

（2）任务要求

①根据已知建筑单体布置一组纪念建筑群。建筑单体如图所示，其中纪念阁的平台内设有给水池。

②根据地形和设计意图，加绘登山石阶道、广场、道路（尺寸及形状不限）。

③设主入口一处，应从城市道路引入，并在附近布置20辆车位的小轿车停车场一座（车位尺寸3m×6m，行车道宽7m，采用垂直停车方式）。

④根据已知游船码头尺寸和水位线，以及参观路线确定码头的位置。

⑤标注主要场地的设计标高三处（碑廊外地面、纪念阁平台、纪念馆外广场）。

⑥应尽量不破坏自然地形，保持原有环境。

⑦应考虑建筑群体从城市道路及河面方向观看的景观效果。

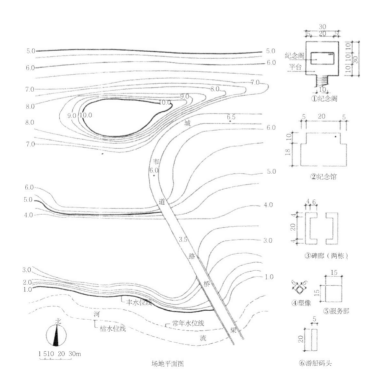

场地平面图

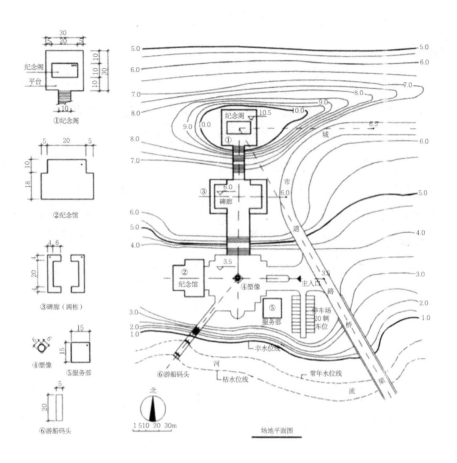

①纪念阁

②纪念馆

③碑廊（两栋）

④塑像

⑤服务部

⑥游船码头

场地平面图

附录 1　基地与影响检测表

设计早期一张基地资料表以引导原始资料及现状资料的收集,是很有用的。这样一张表开始宜简短,并随着对基地的了解深入而加长。第一阶段不必收集太多的资料,不但可以节省精力以备今后调查,也可避免陷入欧协不相干的材料之中。

1. 基地总体文脉

①地理位置,邻近土地使用格局,出入交通系统,邻近目的及公共设施,开发格局的稳定性或变化。

②行政管辖,当地社会结构,周围地区人口变化。

③区域生态及水文系统。

④区域经济性质,附近其他项目或规划及其对基地周围环境的影响。

典型问题:

重要的区位或资源对广大公众而言会不会变得无可达性?

会不会使能源、水、食物及其他稀有资源短缺或者品质下降?

对周围居民健康与安全有无危险?

这个项目对周围地区是否增加不适当的交通负担?

是否会对周围地区政治、社会或经济体系造成混乱?

该项目对现有企业机关有无负面影响?

该项目的施工或维修是否对周围社区带来不愿承受的经济负担?

2. 基地及毗邻用地的自然条件

(1)地质与土壤

①基地下地质状况,岩石特性及深度,断层线。

②土层构成及深度,作为工程材料和种植媒介的价值,有无有害化学物质或污染。

③填土或岩石突起，可能滑坡或沉陷，可能开采矿藏的地域。

典型问题：

土地滑坡、沉陷或地震是否可能发生？

土壤将受污染吗？

土壤能否吸收可能产生的废弃物而不受损害？

表土或其养分是否会消失？

（2）水

①现有水体——变化和洁净度。

②天然及人工排水渠道——流量、容量和洁净度。

③地面排水形式——水量、方向、挡水物、洪泛区、无排水的低洼地、持续侵蚀地区。

④地下水位——水位高度和涨落幅度，泉水、水流方向、有无深层储水层。

⑤给水——水厂位置、水量及水质。

典型问题：

地表水的洁净度、含氧量或温度是否将受影响？

是否将出现淤积？

排水系统能否接受增加的径流？

是否将会导致洪泛、诱发土壤侵蚀、水体水位波动？

是否将使地下水位上升或下降，从而影响植物、地下室或基础？

（3）地形

①等高线。

②土地形态：地形类别、坡度、交通可能性、出入口、障碍、可见性。

③独特的地貌。

典型问题：

独特的、有价值的地形是否会受到损害？

（4）气候

①温度、湿度、降雨量、太阳角、云象、风向风速的区域模型。

②当地小气候：温暖和阴凉的坡地，风向偏转和地方性微风、空气导流、遮阴、热反射与贮存、植物指示。

③降雪及飘雪堆积形式。

④周围空气质量、灰尘、臭味、声级。

典型问题：

本项目是否将引起诸如温度、湿度或风速等总气候变化？

当地小气候是否将受风向偏转或风洞作用、遮蔽日光反射、空气干燥化或潮湿化、昼夜温差强化或飘雪堆积等影响？

本项目是否将增加空气污染或产生尘埃或产生令人讨厌的气味？

本项目是否将增加或减少噪声水平？

本项目是否将引起辐射或其他有毒有害物质？

（5）生态

①占支配地位的植物和动物群落——它们的分布区位及相对稳定性，自我调节及脆弱性。

②植被、林地质量、再生潜在能力的一般形式。

③样本树——区位、分布、树种、树高，是独有的还是濒临灭绝的，需要的支持系统。

典型问题：

重要的植物及动物群落是否会遭到破坏？

是否会使它们的迁徙或自身再生困难？

是否会使珍惜或濒临灭绝的品种毁灭或有害品种增加？

本项目是否将引起水体富营养化或藻类繁殖？

本项目是否将变动主要的农业用途或使之在未来难以重建？

（6）人工结构

①现有建筑：区位、轮廓、楼层、类型、维修状况、目前使用。

②网络：道路、小路、有轨交通、公共交通、污水、给水、煤气、电力、电话、蒸汽——它们的区位、高程、容量、维护状况。

③藩篱、围墙、平台，其他对景观的人为修琢。

典型问题：

现有及规划道路及公用设施能否服务于本基地而不对毗邻地段产生消极影响？

本项目是否要求显著增加周围道路及公用设施投资？

这些新设施能否足以维护及运作？

新结构是否将与现有结构冲突或使之受损害？

（7）感觉质量

①视觉空间和序列的特征和关系。

②视点、街景和焦点。

③光、声、嗅、味的质量和变化。

典型问题：

新景观与原有布局是否相适应？

现有景观的焦点是否得到保护和美化？

新建筑与现有保留建筑相匹配适应？

3. 基地及毗邻用地的文化资料

（1）居民及使用文化设施的人口

①数字、结构、变迁形式。

②社会结构、联系及习俗。

③经济状况及职能。

④组织、领导、政治参与。

典型问题：

现有人口是否有部分被迁移？

是否有任何部分人口利益受损？

现今受损人口组是否可得到帮助？

现有工作岗位及实业将受何种影响？

本计划是否将以不合公众意愿的方式改变现行生活方式和文化实际？

（2）行为环境

包括性质、区位、参与者、节律、稳定性、冲突。

典型问题：

本计划是否将破坏重要的使用模式而无取代模式？

新的使用与原有使用是否冲突或危及安全？

对未来变迁和扩展是否有所准备？

（3）基地的价值观、权利和限制

①所有权、通行权及其他权利。

②影响基地使用及特性的区划及其他规章。

③经济价值及其在基地上的变化。

④被认可的"领域"。

⑤行政管辖权。

典型问题：

基地或其周围用地的经济价值是将贬值还是升值？

所有权或习惯的"领域"将被显著地破坏。

（4）过去与未来

①基地的历史及其可见的痕迹。

②公众和私人对基地使用的意向、冲突。

典型问题：

历史性结构物是否受到保护？

古迹和资料是否得到保护和发扬？

本计划是否干扰（或推进）目前的变化？

它与现有任何关于未来的计划有无冲突？

（5）基地特征与意象

①团体或个人对本基地的认同。

②人们脑海中本基地是如何组织的。

③基地相关联的含义，象征性的联想。

④希望、恐惧、意愿、喜好。

典型问题：

本计划是否破坏（或加强）团体及个人对本基地的认同？

它是否干扰（或加强）现有从精神上组织本基地的方式？

它是否考虑本基地对公众的含义和价值？

它是否与使用者的希望、恐惧、意愿、喜好相符？

4.资料的相关性

①土地细分：建筑、特征、问题一致的分块用地。

②鉴别重点、轴线、尽可能不开发的用地、有可能高密度发展的用地。

③基地动态方面——正在发生的变化以及如无干扰将发生的变化。

④与文脉的关联——现在及可能的联系，需要相适应的使用用地，需予以保存的运动格局。

⑤重要的问题和潜力，包括本设计所带来的关键性正面及负面影响。

附录 2　数据

1. 土壤的工程特性

粒径: 砾石，直径 > 2 毫米。

砂: 0.05 ~ 2 毫米。

淤泥: 0.002 ~ 0.05 毫米。

黏土: < 0.002 毫米。

2. 工程分类

	承载稳定性	排水	作为铺路基层
净砾石	很好	很好	尚好
含淤泥、黏土砾石	好	勉强	勉强
净砂	很好	很好	差
含淤泥、黏土砂	尚好	勉强	勉强
非塑性淤泥	尚好	较差	不可用
塑性淤泥	差	较差	不可用
有机淤泥	较差	差	不可用
非塑性黏土	可	不可用	不可用
塑性、有机黏土	差	不可用	不可用
泥炭、污泥	不可用	较差	不可用

3. 轻型土路的稳定

砾石和砂加 3% ~ 5% 干容重水泥于顶面 15 厘米。

淤泥或塑性黏土加 4% ~ 10% 水泥。

重黏土、含黏土的砂土或砾石加 4% ~ 10% 消石灰。

如只有土壤，可按黏土 10%、淤泥 15% 及砂 75% 配比做成黏土——砂土混合路。

承载力：吨 / 平方米。

基岩，风化成大块石 120 ~ 950

黏土与砂或砾石，级配良好，压实 120。

砾石、砾石砂，疏松至压实 45 ~ 95。

粗砂，疏松至压实 25 ~ 45。

细、淤泥质或含黏土的砂，级配不良，疏松至压实 20 ~ 35。

均质、非塑性、无机黏土，柔软至非常坚硬 5 ~ 45。

无机非塑性淤泥，柔软至坚硬 5 ~ 35。

4. 坡度

最小排水坡度，种植或大面积铺砌地 1%。

最小排水坡度，铺砌至精确标高，或允许暂时性水塘 0.5%。

建筑周边最小排水坡度 2%。

沟槽最大排水坡度 10%。

最大草皮坡度 25%。

最大岸坡，种草未修剪 50% ~ 60%。

最大坡度，有特别场地覆被 100%。

5. 休止角

种类	比例
松湿黏土或淤泥	30%
密实干黏土	100%
湿砂	80%
干砂	65%
卵石	70%
林地	70% ~ 100%
显然 "平坦" 的坡度	0% ~ 4%
显然 "顺畅" 的坡度	4% ~ 10%
显然 "陡峭" 的坡度	> 10%

6. 土方机械

机械	最小转弯半径	可操作最大坡度
推土机	3.5 ~ 6 米	85%
铲运机	9 米	纵向 60% 横向 25%
挖土机	6 ~ 12 米	
索斗挖土机	12 ~ 25 米	

7. 尺度

车道宽（公路）：3.5 米

车道宽（居住区道路）：3.0 米

停车道宽：2.5 米

种植带（草）：1 米

种植带（树）：2 米

电杆后退侧石：0.6 米

一般人行道宽：1 米

步行道宽：2 米

入宅步道宽：0.8 米

私家车道宽：2.5 米

居住区支路（铺砌）：8 米

居住区单行道（铺砌）：5.5 米

公园内轻型双向车道：3.0 米

公园内主路车道：6.0 米

公园路自行车道：1.5 ~ 2.5 米

城市自行车道：3.5 米

卡车最小净空：4.5 米

道路宽度（一般支路）：15 米

道路宽度（一般支路最小宽度）：9 米

道路宽度（步行出入小路，可容校车通行）：3 米

铁路支线宽度：12 ～ 15 米

铁路净空：7.5 米

卡车装卸台宽：3.0 米

卡车装卸台深：15 米

卡车装卸台高：1.25 米

8. 长度与间隔

最大环形街道长度：500 米

最大回车道长度：150 米

由车至门最大运物距离：最大至 15 米

由供应、应急车辆至门最大距离：75 米

车道入口与交叉口之间的最小间隔：15 米

9. 坡度

横断面坡度（混凝土或沥青）：2%

横断面坡度（土或砾石路面）：4%

横断面坡度（铺砌人行道）：2%

最小纵坡度（铺砌道路）：0.5%

一般最大纵坡度：10%

一般最大纵坡度（无冰冻）：12%

卡车可爬最大连续坡度：17%

汽车全速可爬最大连续坡度：7%

10. 不同设计车速下公路最大坡度

20 千米 / 小时	12%
30 千米 / 小时	12%
40 千米 / 小时	11%
50 千米 / 小时	10%
60 千米 / 小时	9%
70 千米 / 小时	8%
80 千米 / 小时	7%

90 千米 / 小时　　　6%

100 千米 / 小时　　5%

110 千米 / 小时　　4%

立体交叉上坡道最大坡度 3% ～ 6%

立体交叉下坡道最大坡度 8%

停车场最大坡度 5%

人行道最大坡度 10%

短人行坡道最大坡度 15%

残疾人坡道最大坡度 8%

有踏步坡道坡度 5% ～ 8%

公共阶梯最大坡度 50%

室外阶梯规则：2 踢板 + 1 踏板 =70 厘米

铁道最大坡度 1% ～ 2%

11. 转弯半径

公路最小半径与设计车速，以千米 / 小时计。

20 千米 / 小时　　25 米

30 千米 / 小时　　30 米

40 千米 / 小时　　50 米

50 千米 / 小时　　80 米

60 千米 / 小时　　120 米

70 千米 / 小时　　170 米

80 千米 / 小时　　230 米

90 千米 / 小时　　290 米

100 千米 / 小时　　370 米

110 千米 / 小时　　460 米

铁路路轨最小转弯半径 120 米

12. 通行能力

单车道理论通行能力：2000 辆 / 小时

快速路每车道实际通行能力：1500 ～ 1800 辆 / 小时

地区道路每车道实际通行能力：400 ~ 500 辆 / 小时

拥挤道路每车道实际通行能力：200 ~ 300 辆 / 小时

信号灯控制的交叉口绿灯每小时每车道：300 ~ 600 辆 / 小时

不受妨碍的站立空间：1.2 平方米 / 人

人群中可忍受的最小站立空间：0.65 平方米 / 人

人群水泄不通：0.3 平方米 / 人

13. 步行道每分钟每米通行人流

完全开敞　　　　　< 1.5 人 / 分钟·米

行走不受妨碍　　　1.5 ~ 7 人 / 分钟·米

行走受妨碍　　　　7 ~ 20 人 / 分钟·米

行走受拘束　　　　20 ~ 30 人 / 分钟·米

相当拥挤　　　　　35 ~ 45 人 / 分钟·米

严重拥挤　　　　　45 ~ 60 人 / 分钟·米

强制流动或止步不前　0 ~ 85 人 / 分钟·米

14. 停车

停车位长：6 米

停车位宽：2.5 ~ 2.75 米

小车停车位尺度：2.5 米 ×5 米

对称停车单车道车行道宽度：3.5 米

垂直停车双车道行道宽度：6 米

停车场总面积：每车 23 ~ 40 平方米

15. 给水排水

雨水在明渠中最大距离：250 ~ 300 米

雨水在未铺砌地面最大径流距离：150 米

入孔最大间距：100 ~ 150 米

街道排水管最小直径：300 毫米

庭院排水管最小直径：250 毫米

初始排水管最小坡度：0.3%

排水管的最大坡度: 8% ~ 10%

排水管的最小坡度: 0.5%

最小自净流速: 600 毫米 / 秒

避免冲刷的最大流速: 3 米 / 秒

16. 径流系数

屋顶或沥青或水泥铺砌: 0.9

碎石路, 土与碎石压实: 0.7

不透水土, 有植被: 0.5

草地, 种植地, 正常土壤: 0.2

林地: 0.1

城市密集商业区: 0.7 ~ 0.9

17. 污水排水管

污水干管最小直径: 200 毫米

住宅支管最小直径: 150 毫米

最小管道坡度: 0.4% ~ 1.4%

污水排放场或公厕与水井最小间隔: 30 米

生物滤池与住宅最小间隔: 100 米

厕所坑底与地下水位最小间隔: 1.5 米

水厕最小容量: 120 ~ 150 升 / 人

干管阀门最大间距: 300 米

消防栓至建筑最大距离: 100 米

消防栓至建筑最小距离: 7.5 米

给水干管最小直径: 150 毫米

最低供水水压: 1.4 千克 / 平方厘米

路灯标准装置高度: 9 米

路灯间距: 45 ~ 60 米

平均照度要求 (干道): 10 勒克斯

平均照度要求 (地方性道路): 5 勒克斯

18. 最低照度区照度不得低于

干道平均照度的 40%

地方性道路平均照度的 10%

步行道路灯装置高度：3.5 米

门道、台阶及隐蔽处照度：可达 50 勒克斯

步行道其余地点照度：低于 5 勒克斯

公共车库照度：30 勒克斯

商业中心停车场照度：10 勒克斯

19. 体感舒适

不引起体温升高的最高室内温度（干燥空气中）：65℃

不引起体温升高的最高室内温度（潮湿空气中）：32℃

舒适温度范围（不活动、荫蔽处、穿薄衣服、湿度 20% ~ 40%）：
18 ~ 26℃

20. 风

在下风 10 ~ 20 倍防风带高度的距离处，风速可下降至 50%。

21. 风效应

风速（米/秒）	效应
2	脸上感觉有风
4	读报困难，尘土，纸屑飞扬，头发吹乱
6	开始影响行路控制
8	衣服拍身，风中行进困难
10	用伞困难
12	难以稳步行走，风啸刺耳
14	风中几乎止步，顺风摇摇欲坠
16	平衡困难
18	抓住支撑免于跌倒
20	人被吹倒
22	不可能站立

22. 地面反射率

新雪：0.9

草地与场地：0.1 ~ 0.2

光干砂：0.4 ~ 0.5

森林，深色垦殖土：0.1

干黏土：0.2 ~ 0.3

黑色沥青，静水：0.05

23. 噪声级

寂静中树叶沙沙响：10 分贝

轻声耳语：20 ~ 30 分贝

小电钟嗡鸣：40 分贝

环境噪声，住宅厨房或喧闹的办公室（干扰谈话）：50 分贝

轻量车辆交通或正常对话：50 分贝

距公路交通 15 米处：70 ~ 80 分贝

距地铁、货车、重型卡车 15 米处（开始损害听觉）：90 ~ 100 分贝

汽车喇叭、汽锤：110 ~ 120 分贝

24. 噪声标准

建议室外最大噪声声平：55 分贝

建议室内最大噪声声平：40 分贝

建议睡眠或学习最大噪声声平：35 分贝

25. 不适宜居住使用的用地

无特殊建筑隔声 > 55 分贝或 65 分贝

有特殊建筑隔声 > 75 分贝